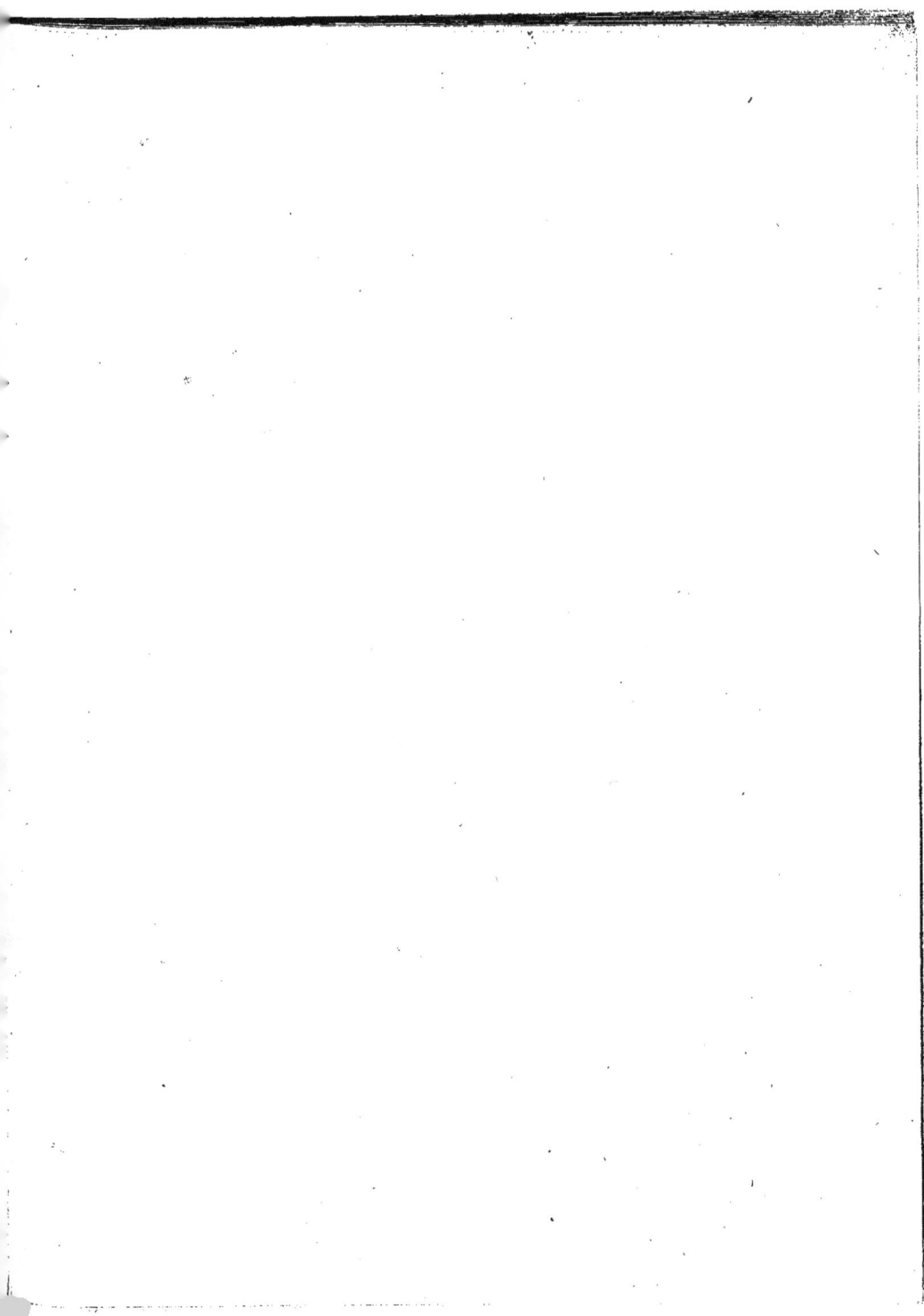

SUPPLÉMENT

AUX DEUX

RAPPORTS

De MM. les Commissaires de l'Académie & de la Faculté de Médecine, & de la Société Royale de Médecine.

A AMSTERDAM,

Et se trouve A PARIS,

Chez GUEFFIER, Libraire-Imprimeur, au bas de la rue de la Harpe.

M. DCC. LXXXIV.

SUPPLÉMENT

Aux deux Rapports de MM. les Commissaires de l'Académie & de la Faculté de Médecine, & de la Société Royale de Médecine.

SI les animaux qu'on magnétise *pouvaient parler*, a dit très-bien un de MM. les Commissaires de l'Académie des Sciences, *on pourrait connaître ce qu'ils éprouvent. Ne pouvant les interroger, leurs mouvemens ne peuvent être qu'équivoques*, (1)

Sur cette sage observation, beaucoup de personnes se sont demandé, pourquoi MM. les Commissaires n'ont pas *interrogé des hommes qui peuvent parler ;* pourquoi ils ont mieux aimé se livrer au hasard de quelques expériences incertaines, que de recueillir les témoignages d'une foule de malades de tout âge, de tout sexe & de tout état, qui auraient pu leur répondre, & qui leur auraient rendu un compte exact & raisonné de *ce qu'ils éprouvaient ?*

En effet, pour juger si le Magnétisme existe & s'il est utile, il n'est besoin d'être ni Académicien, ni Médecin. Toutes les Académies ensemble, tous les Médecins du monde ne persuaderont pas un homme raisonnable, qu'il a éprouvé un effet, s'il ne l'a pas senti ; comme ils ne le

(1) *Exposé de M Bailly.* pag. 10 & 11.

A

convaincront jamais qu'il n'a rien fenti lorfque fes fenfations l'affureront qu'il a éprouvé quelque chofe.

Mais MM. les Commiffaires ont *craint*, difent-ils dans leur Rapport (1), *d'importuner, par leurs queftions, les malades diftingués qu'ils voyaient au traitement.* Ils ont cru en conféquence pouvoir négliger *le foin de les obferver, dans la crainte de leur déplaire.* LA MULTITUDE DES EFFETS, dont ils étaient témoins, leur a paru même *un obftacle pour bien obferver.* Ils fe font bornés *à des expériences particulieres;* & d'après ces expériences, ils ont jugé que LE MAGNETISME N'EST RIEN, ou que s'il eft quelque chofe, IL N'EST QUE L'ART D'EXCITER DES CONVULSIONS. (2)

(1) page 8.

(2) Conclu-fion des deux Rapports.

C'eft pour fuppléer à l'infuffifance des bafes fur lefquelles ce jugement eft établi, qu'une partie des malades qui ont été traités par M. Deflon, fe font déterminés à rendre un compte public de ce qu'ils ont éprouvé au traitement du Magnétifme.

L'abfence ou l'éloignement du plus grand nombre des malades de cet eftimable Médecin, n'a pas permis de raffembler ici le témoignage de tous ceux auxquels il a bien voulu confacrer fes foins. Mais on en réunira affez pour former un corps de preuves, fupérieur à tous les raifonne-mens & aux differtations les plus favantes.

L'art n'a point préfidé à la rédaction de ces fuffrages; chaque malade a rédigé ou dicté le fien. Pour les raffembler il a fallu vaincre la réfiftance de M. Deflon & de M. Bienaimé; mais il n'a pas fallu d'efforts pour déterminer chacun de leurs malades à furmonter la répugnance naturelle que l'on éprouve à raconter fes infirmités. Ils ont cru devoir ce tribut à la vérité & au bien de l'humanité, plus encore qu'à la reconnaiſſance qui les attache à leurs Médecins, & à la cauſe du Magnétiſme. On eſpere que les autres malades qui ne ſont pas dans ce moment à Paris, & qui ont été traités depuis trois ans par M. Deſlon & par ſes Eleves, s'empreſſeront d'imiter l'exemple qu'on leur donne, & d'atteſter les effets réels & ſalutaires qu'ils ont pu éprouver.

Tout homme un peu attentif tirerait aiſément les conſé-quences qui naîtront de cette multitude d'atteſtations, parmi leſquelles on en remarquera qui portent un caractere vérita-blement précieux par le mérite des obſervations qui s'y trouvent. Mais pour rendre encore plus ſenſibles les conſé-quences qu'on en doit tirer, nous rangerons ces certificats ſous quatre claſſes particulieres.

Dans la premiere, on verra les cures & les effets qu'a produits le Magnétiſme ſur des enfans, quoique MM. les Com-miſſaires aient poſé en fait que *l'enfance n'éprouve rien.* (1)

(1) page 8. de l'Expoſé.

Viendront enſuite des malades d'un âge mûr qui n'ont jamais rien éprouvé de ſenſible ni à *l'attouchement*, ni au *baquet*, ni lorſqu'on leur *dirigeait le doigt ou le fer* : & ces malades, malgré leur inſenſibilité apparente au magné-tiſme, ont obtenu leur guériſon ou un ſoulagement notable.

Dans une troiſieme claſſe, ſeront les malades qui ont éprouvé des effets ſenſibles, tels que *le froid*, *le chaud*, *la douleur*, le ſentiment du *fluide*, ou d'autres impreſſions propres à l'action du Magnétiſme, & qui la caractériſent.

Enfin l'on préſentera à part les certificats des malades ſujets à des convulſions & à des criſes.

Ces tableaux réunis offriront des maladies de toute eſpèce, des maladies invétérées ſur leſquelles l'Art de la Médecine s'était épuiſé pendant une longue ſuite d'années ;

& l'on verra cependant un grand nombre de ces malades guéris, presque tous les autres infiniment soulagés, très-peu qui aient eu à se plaindre de la *nullité* du Magnétisme, & pas un seul qui l'ait trouvé *nuisible*, ou même *dangereux*.

Ce n'est pas qu'on veuille dire que le Magnétisme ne soit jamais nuisible. Quel est le remede en médecine qui, quoique approprié à un genre de maladie, ne manque souvent son effet, & ne produise même l'effet contraire? Les *Antispasmodiques* sont destinés à calmer, & quelquefois ils irritent. L'*opium* employé pour calmer la douleur & provoquer le repos, pris à d'autres doses, agite, enflamme & rend furieux. En Médecine sur-tout on ne calcule jamais l'effet universel, mais l'effet commun & ordinaire.

Ce n'est pas non plus qu'on veuille persuader que le Magnétisme soit un remede propre à toutes les maladies. Le raisonnement qui peut le persuader aux uns, peut en dissuader les autres.

Mais ce que les certificats qu'on va voir, doivent sur-tout démontrer, c'est que MM. les Commissaires de la Faculté, de la Société Royale & de l'Académie, se sont absolument, & sur tous les points, livrés à l'erreur, faute d'avoir *considéré & examiné le Magnétisme dans ses effets curatifs*, ainsi que M. Deslon le leur avait *principalement & presque exclusivement proposé*. (1)

(1) Rapport de M. BAILLY, page 11.

Qu'il nous soit permis de présenter d'avance à nos lecteurs ces résultats.

I°. MM. les Commissaires se sont trompés, quand ils ont dit *que le Magnétisme n'était rien*, &c.

Il est impossible qu'avec *rien*, on guérisse, on soulage; qu'on fasse ressentir le *chaud*, le *froid*, le *besoin du sommeil*;

qu'on calme , qu'on faſſe diſparaître preſqu'à l'inſtant les plus vives douleurs. Trois de MM. les Commiſſaires ont avoué (1) avoir eux-mêmes éprouvé la plupart de ces effets, & trente-un malades de la troiſieme claſſe certifient les avoir éprouvé tous. Ces effets prouvés démontrent donc un AGENT. Cet agent eſt *inviſible*, il eſt *impalpable* ; mais il eſt ſenſible par ſes effets , & il ſerait auſſi abſurde de demander une autre preuve de ſon exiſtence, qu'il le ſerait d'en demander de cent autres effets connus dans la nature , dont nous ignorerons peut-être toujours la cauſe.

IIᵉ. MM. Les Commiſſaires ſe ſont encore trompés , lorſqu'ils ont aſſuré que le Magnétiſme n'eſt *que l'art d'exciter des convulſions*, que ces convulſions *ſont un mal contagieux...* que ce ſont *des ſecouſſes dangereuſes* , & UN SUPPLICE DURABLE ; & enfin, *qu'il faut interdire le Magnétiſme* , parce qu'il *pourrait répandre cette contagion dans les grandes villes, & affliger les générations à venir* (2). Toutes ces aſſertions paraîtront autant de paradoxes à quiconque jettera les yeux ſur nos tableaux.

(1) Pag. 69.

On y verra que ſur plus de cent malades il n'y en a pas douze qui aient eu des convulſions ou de grandes criſes , & que preſque tous ces malades en avaient avant de venir au traitement. Le Magnétiſme n'eſt donc pas *l'art d'exciter des convulſions*. Les convulſions qu'on y éprouve *ne ſont donc pas contagieuſes*.

On remarquera encore dans ces certificats, que les convulſions qu'ont quelques malades , n'ont rien qui reſſemble aux convulſions ordinaires , qui ne ſont que des criſpations douloureuſes & fatigantes. Celles qu'occaſionne ou que renouvelle le Magnétiſme ſont de vraies CRISES. Elles amenent des évacuations falutaires ; le repos & le bien-être les fuivent : plus le malade avance au terme de fa guérifon, plus ces crifes diminuent. Elles difparoiffent tout à fait quand il eft guéri. Ces nuances, ces caracteres font démontrés par les certificats ; & le font également par une forte de notoriété publique, par le témoignage de tous ceux qui vont au traitement. MM. les Commiffaires les auraient vues ces nuances, s'ils avaient fuivi les *traitemens curatifs*, au lieu de fe fixer, comme ils ont cru devoir le faire, *aux feuls effets momentanés* (1).

(1) page 11.

III°. MM. les Commiffaires fe font de même trompés, quand ils ont dit que tous les effets attribués au Magnétifme appartiennent à L'ATTOUCHEMENT, à L'IMITATION, ou à L'IMAGINATION ; & la preuve en réfulte encore de nos certificats.

On y voit d'abord que L'ATTOUCHEMENT ne produit rien de fenfible fur le plus grand nombre des malades. Eh ! que pourrait-il en effet produire, étant toujours, & devant être *doux*, *léger*, & prefque *infenfible* ? C'eft aux *directions des doigts & du fer*, c'eft au *baquet* que les malades atteftent avoir éprouvé le plus d'effets. Beaucoup déclarent les avoir fenti quand on les magnétifait fans *attouchement*. Enfin, très-fouvent on magnétife fans toucher. Donc l'*attouchement* n'eft rien ou prefque rien dans les effets du Magnétifme. Donc tout ce que difent MM. les Commiffaires *fur la facilité d'exciter des évacuations en preffant le* COLON, porte abfolument à faux, *puifque jamais on ne preffe fur cet inteftin ni fur aucune autre partie du corps*.

Quant à l'*imitation*, eft-il befoin de differter fur fon pouvoir ? Si c'eft *une loi de la nature*, cette loi n'a pas plus d'empire dans les falles de traitement que dans tous les autres lieux où les hommes fe trouvent raffemblés.

Si MM. les Commiffaires daignent lire nos certificats, ils conviendront de bonne-foi que cette reffource qu'ils ont imaginée pour combattre le Magnétifme, eft bien faible. L'imitation qu'ils admettent, fuppoferait que tout fe reffemble dans les effets du Magnétifme : que les maladies, les crifes, les fenfations, les cures feroient abfolument les mêmes ; & cependant il n'y a rien de plus varié que les effets du Magnétifme. C'eft encore ce que prouvent nos certificats.

Refte *l'imagination.*

Tout le monde en a plus ou moins, & malheur à ceux qui en font tout à fait dépourvus.

Sur ce point deux fentimens fe font formés, celui des malades magnétifés, & celui des hommes qui n'ont aucune idée du Magnétifme, parce qu'ils ne l'ont vu que par les yeux de MM. les Commiffaires.

Quant à ceux-ci, leur conclufion a été bientôt prife. Sans autre examen, ils ont jugé que tous ceux qui fe font magnétifer font des foux, & que s'ils fe croient guéris, c'eft leur imagination qui le leur perfuade. Ils n'ont diftingué ni l'enfant, ni le vieillard, ni le pauvre, ni le riche, ni l'homme de génie & l'homme fimple & borné. Ils ont tout mis dans la même cathégorie ; ils ont vu partout le délire de l'imagination.

A l'égard des malades magnétifés, il n'en eft pas un feul qui ne fe foit dit à lui-même : il faut que MM. les Académiciens & les Médecins aient une terrible dofe d'imagination, pour en voir par - tout les effets. Quoi ! fi le Magnétifme me provoque au *sommeil*, c'est mon imagination qui me fait dormir. Si je suis *purgé*, mieux que je ne le serais avec la *manne* & le *catolicon-double*, c'est mon imagination qui me PURGE. Si je rends un abcès, un dépôt, si des douleurs aigües se calment, si, sous la main qui me magnétise, une colique disparaît ; si enfin après dix années de privation d'appétit, de sommeil & de santé, je retrouve tous ces biens, je n'en suis redevable qu'à mon imagination ! C'est elle qui guérit cet enfant scrophuleux, suçant encore le sein de sa nourrice ! Et quand nous croyons que c'est le Magnétisme qui rappelle à la vie un apoplectique, un moribond, nous nous trompons encore ; c'est son imagination qui, triomphant de son inertie, lui rend le sentiment avec la vie ! Oh ! si c'est l'imagination qui nous procure tant de biens, bénissons, ont dit tous ces malades, bénissons les hommes qui savent en tirer un si grand parti.

Mais entre ces pauvres malades qui ne veulent pas être des foux, & ces têtes froides qui ne voient que des illusions, écoutons ce que dit la raison.

Sans doute l'imagination est quelquefois la cause de nos maux, comme elle en *est aussi quelquefois le remede.* (1). Mais de ce qu'elle peut agir puissamment sur nous, conclura-t-on que nous soyons continuellement asservis à son pouvoir ? S'il en était ainsi, il n'y aurait plus rien de certain, ni dans nos idées, ni dans nos sensations ; & livrés à un doute éternel, nous ne pourrions plus rien croire, ni rien affirmer. Ce n'est point pour nous dévouer à une telle illusion, que l'Être Suprême nous a créés. Il nous a donné des yeux pour voir, des oreilles pour entendre ; & à tous les sens dont il nous a organisés, il a joint la raison, ce don

précieux

(1) page 61 du Rapport de M. BAILLY.

précieux qui nous dirige & nous éclaire dans l'ufage que nous en faifons.

Or, en confidérant ainfi notre organifation, n'eft-il pas évident que l'imagination capable de produire les grands effets, qu'a fi bien peints l'Auteur du Rapport des Commiffaires de l'Académie (1), n'eft point l'imagination dans fon état naturel, mais une imagination échauffée, exaltée ; c'eft une imagination qui a rompu toutes les digues ; difons mieux, ce n'eft plus l'imagination, c'eft le délire de l'imagination.

Mais ce délire eft-il donc fi ordinaire ? A entendre MM. les Commiffaires, il ferait prefque notre état habituel. Si cela eft, ils auraient dû affigner du moins, le moment où l'homme peut fe croire à l'abri de ce délire, & nous dire comment ils s'en font garantis eux-mêmes lorfqu'ils ont jugé le Magnétifme.

S'il était un lieu où l'imagination pût être expofée à s'égarer, ce ferait peut-être dans les falles de grands fpectacles ; ainfi que l'a obfervé lui-même l'auteur du Rapport. Là en effet, l'ame attachée fortement à l'objet qui lui eft repréfenté, s'abandonne à l'imagination du Poëte, & fe tranfporte avec lui au lieu, au moment où les événemens fe font paffés. L'illufion ne peut être ni plus réelle, ni plus forte.

Cependant on ne défend point les falles de fpectacles : & fi les effets de l'imagination n'y font pas dangereux, lors même qu'elle eft fi puiffamment agitée, comment le deviendraient-ils dans une falle de malades ? Quel tableau en effet pour exciter l'imagination ! *On n'y entend*, ont dit MM. les Commiffaires, que des *pleurs, des ris, le bruit de la toux, celui des hocquets* (2). Sera-ce donc en s'éparpillant fur des effets de cette efpèce, que l'imagination pourra s'exalter & devenir

B

(1) page 53 & fuiv.

(2) page 12 du Rapport de la Société Royale.

funeſte ? Ce qui doit l'engourdir & même l'éteindre , s'eſt changé , ſous une plume éloquente , en un moyen de l'animer & de l'échauffer. Voilà peut-être un jeu de l'imagination plus réel que celui qu'on ſuppoſe aux traitemens du Magnétiſme.

Mais enfin , dit-on , *la nature ſeule* peut produire tous ces effets extraordinaires. Hippocrate a dit , *que c'eſt elle qui guérit.*

MM. les Commiſſaires *ont des réponſes à tout.* Mais pour vouloir trop prouver , ils ne prouvent rien , ſinon leur embarras ; car n'eſt-ce pas ſe jouer de la crédulité publique , que d'aſſigner tant de cauſes différentes à des effets certains ? « Si ce n'eſt pas *l'attouchement* , c'eſt *l'imitation* ; ſi ce n'eſt » pas *l'imitation* , c'eſt *l'imagination* ; & au défaut de l'ima- » gination , ce ſera la *nature* ». Ces MM. oublient ce qu'ils ont dit eux-mêmes (1) , *qu'il ne faut qu'une cauſe pour un effet.*

(1) page 44.

Si c'eſt la nature ſeule qui guérit , il n'eſt pas beſoin du Magnétiſme ; mais par la même raiſon , il faut conclure auſſi que la médecine n'eſt plus bonne à rien , & que c'eſt un fléau dont il faut affranchir l'humanité.

Soyons plus juſtes & plus vrais.

La nature guérit , mais elle ne guérit malheureuſement pas toujours ; mais il faut l'aider du ſecours des remedes. C'eſt à l'obſervation conſtante de leurs effets , qu'on doit le diſcernement des cas dans leſquels il faut les employer. On a conclu avec raiſon , après mille & mille expériences , que la *manne* avait une vertu laxative , & les Médecins ne manquent jamais de l'employer lorſqu'ils veulent purger. Il en eſt de même de tous les autres remedes.

Ne ſera-ce donc que pour le Magnétiſme qu'on fera une exception aux regles, aux obfervations communes, aux notions les plus ordinaires ? Il ne guérit pas tous les maux: foit ; mais il calme les douleurs, il ranime le vieillard, il aide la nature à fe développer dans cet enfant ou ce jeune homme qu'un fang appauvri, ou un vice de naiffance tiennent engourdi aux premiers pas de fa carriere. Ne fervit-il qu'à nous confoler, qu'à nous donner de l'efpérance, qu'à nous conduire plus doucement au terme inévitable vers lequel nous avançons malgré nous, pourquoi repouffer ce bienfait ? Pourquoi le mettre au rang de ces poifons dont la MEDECINE pourtant CROIT POUVOIR SE SERVIR QUELQUEFOIS UTILEMENT (1)?

(1) page 61.

Si l'on ajoute que ce traitement du Magnétifme a l'avantage d'éloigner les malades des remedes qui leur font fouvent fi funeftes, & de leur en faire perdre le goût & l'habitude ; qu'il rapproche les hommes les uns des autres, qu'il leur infpire la pitié, l'attendriffement, l'amour de leurs femblables; qu'il leur apprend à fupporter leurs maux en voyant ceux dont d'autres hommes font affligés comme eux, qu'il excite dans l'ame des perfonnes riches & puiffantes le fentiment de la bienfaifance envers les malheureux & les indigens qui les entourent, que de regrets n'auront pas un jour MM. les Commiffaires, d'avoir combattu une découverte qui pouvait apporter tant de biens aux hommes ! Quel reproche ils fe feront à eux-mêmes d'avoir éloigné du Magnétifme une foule de malheureux qui y auraient peut-être trouvé la vie ou l'adouciffement de leurs maux !

B ij

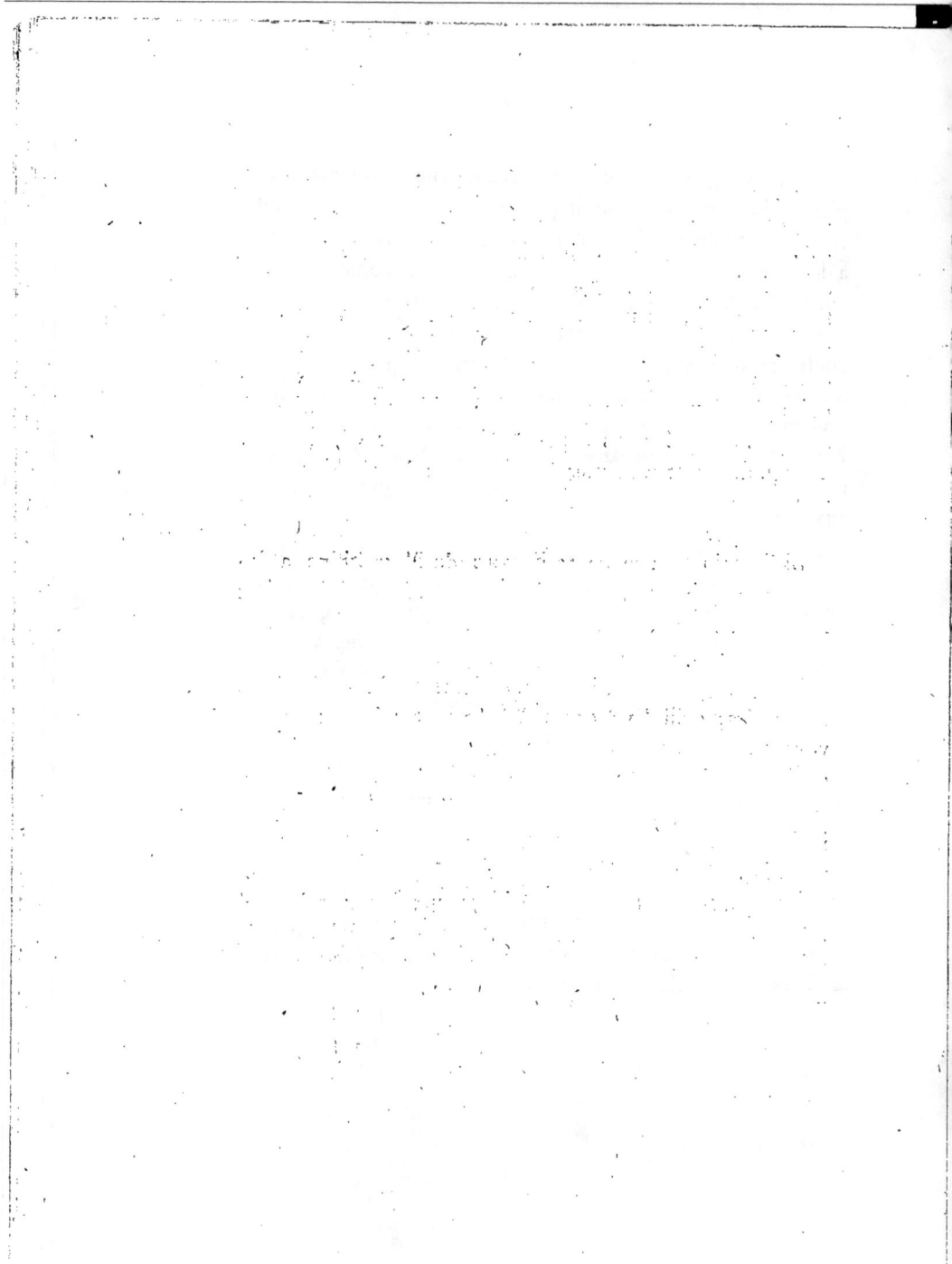

NOMS des Malades dont les témoignages font imprimés.

PREMIERE CLASSE.

ENFANS.

M. BRUNO.
Mlle. CANNET.
M. de LAURISTON.
Le jeune VILLAIR.
Manon CLIQUET.
Le nommé PETRY.

Le petit GUILLEMINOT.
Un Enfant brulé de 26 mois.
Mlle. de St. ANGE.
Mlle. le CLERC.
Le fils de M. DACOSTA.
Mlle de MASSAC.

SECONDE CLASSE.

MALADES la plupart guéris fans avoir éprouvé aucun effet fenfible du Magnétifme.

Mde. la Vicomteffe de LINIERES.
Mde. la Vicomteffe d'ALLARD.
Mde. de la PERRIERE.
M. de MONTCHEVREL.
M. le Comte de FONTETTE.
M. le VAVASSEUR.
M. DAVID.
M. PERRUCHOT.
M. de MARIGNAN.
M. SANTON.
M. PATILLON, Médecin.
M. HOURY, Médecin.
M. THOMAS MAGRAINES, Médecin.
M. l'Abbé BIEN-AIMÉ.
M. PERRENOT.
M. de DAMPIERRE.
M. de LAVABRE.
M. CHASTENET.
M. METTER.
M. GRAND-PIERRE.
M. GHUERARD.
M. GUEFFIER.

M. BOVE.
Mlle. le PRINCE.
M. de VILLERS.
fon Domeftique.
le Sr. LAMBERT.
Gabriel DEFFET.
la Dame LALLEMAND.
M. de CHAZAL.
le Sr. DESANGLOS.
le Sr. MONIN.
le Sr. LECLERC.
la Dame LANOUE.
le Sr. PRUVOST.
la Veuve FAUVIN.
le Sr. LEURSON.
Mde. ALPHAND.
le Sr. SIMMONET.
Françoife LAMOTHE.
la Dame BAQUÉ.
la Dame BARBIER.
la Dame CHEVALIER.
Jean GASTAL.

La Femme-de-chambre de Mde.	Mlle. de MORACIN.
la Comteſſe de Ste. SUSANNE.	M. VARIAGE.
Le Poſtillon de M. de MONCIEL.	La femme JAQUINOT,
Madelon PRIN.	Mde. la Marq. de LONGECOURT.
Le nommé VERRIER,	M. de la BOISSALLIERE.
Marie-Anne VALQUIER.	

TROISIEME CLASS

MALADES qui ont éprouvé l'action ſenſible du Magnétiſme.

Le Prince de BEAUFREMONT.	M. l'Abbé de SALIGNY.
Le Marquis de ROCHEGUDE.	M. l'Abbé de CARBONNIERES.
M. de la VAULTIERE.	M. de LANDRESSE.
M. le Comte de MIROMENIL.	M. FAUR.
M. le Mis. de CHATEAU-RENAUD.	M. JOIAU, Éleve en chirurgie.
Mde. d'ALENÇON.	La Dlle. GENEVOIS.
Mde. de PARCEVAL.	Mde. ARMAND, Sage-femme.
M. l'Abbé CHAUVET,	M. LANTOULY.
Mde. CANET.	M. le BOUTEILLER, Avocat.
M. BEAUJEARD.	Mde. POTONNIER.
M. GERBIER.	La Dlle. GOUPIL.
M. ROBERT, Profeſſeur à l'École Militaire.	Mde. TOUTANT.
	Franç. TABORIN.
M. PINON, Médecin.	La Dlle. HUET.
M. DURAND, Oculiſte.	Mde. D'ORLÉANS JALABERT.
M. de ROSSI.	M. PINOVEL, Médecin.
M. l'Abbé de LOSTANDES.	M. MICHAU, Chirurgien.
	M. MAGNINE, Médecin.

QUATRIEME CLASSE.

MALADES à grandes criſes ou convulſions.

Mde. la Marquiſe de GRASSE.	Mde. GARDANT.
Mde. la Comteſſe de la BLACHE.	La Dlle. HUET.
Mde. la Préſidente de BONNEUIL.	La Dlle. BARNAULT.
Mde. la Comteſſe de la SAUMES.	La Femme PINAU.
Mde. de ROSSY.	Marie DUHA.
Mlle. de LABESCAU,	

Nota. Tous les certificats qui vont être rapportés, ſeront dépoſés en origi-naux chez Me. Duclos Dufrenoi, Notaire, rue Vivienne.

PREMIERE CLASSE.

Effets du Magnétisme fur les Enfans.

M. de BRUNO.

JE fouffigné, certifie que mon fils Adrien-François de Bruno a été attaqué à l'âge de onze ans, de la maladie connue en Médecine, fous le nom de *Chorea fanéti Viti*, caractérifée telle par les confultations de Mrs. *Bouvard*, *Petit & Louis* ; qu'après avoir effayé près de fix fémaines, l'ufage des remèdes indiqués, & fe trouvant plus mal, en ce que, au lieu de fimples convulfions dans les membres, & d'une grande faibleffe dans la hanche, la cuiffe & la jambe droite, il ne pouvait plus fe fervir de fa jambe ni de fon bras ; que fa langue était un peu embarraffée, & l'œil droit paraiffait fe rapetiffer ; qu'alors effrayé de fon état, je pris le parti de le confier aux foins de M. Deflon, en feptembre 1782 ; qu'il y a éprouvé de fortes crifes dans lefquelles il danfait fur fa jambe malade, agiffait de la main affectée, & ne paraiffait point dans ces momens avoir aucune faibleffe dans les parties malades : l'abattement fuivait les convulfions, & il retombait dans fon état de paralyfie.

Je certifie en outre qu'au bout de deux mois de fon traitement, il put fe promener & aller à pied jufqu'au bois de Boulogne. Ses crifes ayant totalement ceffé quelque tems après, je crus devoir le laiffer encore une quinzaine de jours au Magnétifme ; au bout duquel tems il me fut rendu avec les apparences de la plus parfaite fanté. Cet état fe foutint fans aucune altération, jufqu'après l'hiver tres-rigoureux de 1783 à 1784 : alors au mois de février, il reffentit quelques convulfions à la même main. Je le renvoyai au traitement, où il éprouva de nouvelles crifes, mais dans un genre différent ; une defquelles le prit hors du traitement, & dans le chemin qui le conduifait chez M. le Baron de Laurifton fon oncle, qui avait bien voulu le recevoir chez lui, & le garder pendant le tems néceffaire à fa cure, laquelle crife lui a duré encore quelques tems après être arrivé chez fon oncle. Il me fut rendu au bout de trois mois très-bien portant. Il lui eft refté pourtant une toux féche & affez fréquente les premiers jours ; elle eft fort diminuée à préfent. J'ai remarqué que cette toux n'a lieu que lorfque l'air eft froid & qu'il ne touffe point lorfqu'il fait chaud.

A Saint-Germain-en-Laye, ce 27 Septembre 1784. *Signé* de BRUNO, Introducteur des Ambaffadeurs près MONSIEUR, frere du Roi.

Mlle. DUPONT CANNET *âgée de* 5 *ans.*

Mde. fa mere a fait la déclaration fuivante.

A l'âge de trois ans, ma fille eut une humeur de gourme confidérable qui la rendit très-faible, & qui obligea à confulter les gens de l'art. M. Tronchin la conduifit affez long-tems. Au bout de neuf mois l'éruption s'appaifa & finit. Quelques tems après, ma fille fut attaquée de douleurs violentes au côté, qui, malgré tous les foins & tous moyens indiqués, augmenterent jufqu'au point de l'empêcher de marcher ; l'air de la campagne, un véficatoire au bras, continué pendant plus d'un an, les frictions, les bains, l'ufage du firop antifcorbutique, rien n'empêcha les progrès du mal. J'en demandais en vain la raifon : on me répondait que ce n'étaient que des vents, du fpafme, que cela fe pafferait. La même humeur avait attaqué les os ; & il exiftait un accident à l'épine fi extraordinaire, que M. Petit l'avait attribué à une chûte, ajoutant que par cette raifon, il n'y aurait pas de remède ; que d'ailleurs l'enfant qui fe nourrit, peut vivre & grandir.

Défefpérée du mauvais fuccès de tout ce qu'on avait fait, je ne pouvais plus avoir de confiance en des remèdes qui n'avaient empêché ni le mal, ni fes progrès. Je ne pouvais guère plus m'en fier à la nature, qui femblait aller en dépit d'elle & de fes tuteurs. Un nouveau moyen qui n'avait pas prouvé comme les autres fon infuffifance, me parut une reffource à l'efpérance.

Je voyais alors M. Deflon, chez Mde. la comteffe de la Blache. Attentive à examiner les effets que je voyais produire, je penfai que le même moyen pourrait agir fur ma fille. M. Deflon l'examina avec attention, il ne me promit rien pofitivement, mais il donna une caufe vraifemblable à la douleur de côté, & m'affura qu'à mefure qu'elle fe diffiperait, le mouvement du corps reviendrait, une meilleur attitude & la facilité de marcher. M. Deflon était le premier qui m'eut parlé d'une manière fatisfaifante au moins pour mon fimple fens commun : c'était à lui que je devais croire.

Il n'exiftait alors chez lui, ni fer, ni baquets, il n'en exiftait pas davantage chez Mde. la comteffe de la Blache, & lui feul femblait agir & produire des effets.

Il mettait ordinairement ma fille fur fes genoux, & la traitait en lui parlant de fa poupée. Je ne fais fi l'action qu'elle y mettait, était la caufe de la rougeur qui lui montait au vifage, de la pâleur qui lui fuccédait, de la fueur qui fuivait, & quelquefois de la crife de

douleur

douleur qui la faifait pleurer & obligeait à l'étendre, à la frotter &
fur tout à la garantir du froid; car c'était d'hiver que ce traitement
la faifait fi bien fuer. Au furplus, je me rapelle que l'enfant était fi
peu occupé de ce qu'on lui faifait, il y mettait fi peu d'importance,
qu'il appellait M Deflon un médecin de Joujou. Ses petits raifonne-
mens prouvaient que les geftes qu'on lui faifait, ne lui femblaient que
des fingeries. Après plufieurs féances, toujours du même genre, on fup-
prima le véficatoire (même le firop & c.) & ma fille fut déjà par-là
délivrée d'une infirmité factice.

Je la menai chez M. Deflon rue Montmartre; là le traitement
n'était pas auffi gai que celui où on pouvait l'amufer, mais les ré-
fultats étaient toujours les mêmes.

Après plufieurs mois, l'humeur de gourme reparut, par un écoulement à l'o eille, qui depuis fut plus ou moins fort, & fans jamais
faire playe, a toujours continué.

Il furvint des évacuations fréquentes, alors on les aidait d'un petit
verre d'une légere infufion de crême de tartre.

Pendant plufieurs mois, elle eut auffi des expectorations, fans que
fa poitrine en eût fouffert : ordinairement les enfans touffent fans cracher; ici c'était le contraire, ma fille expectorait beaucoup & ne
touffait que peu.

Au bout de fix mois de traitement, elle eut la rougeole. M. Deflon
la conduifit, elle ne prit que de l'orgeat, elle eut des fueurs confidérables, & à la fuite une crife très-douloureufe dans tous les os.

Auffitôt qu'elle put fortir, je la menai de nouveau chez M. Deflon.
La douleur au côté fe faifait encore fentir en voiture & dans les
mouvemens forcés; mais après neuf mois de traitement, elle fut abfolument guérie, & en etat de faire une longue interruption & un
voyage de quatre cents lieues fans aucun reffentiment de cette douleur
au côté.

L'accident à l'épine a éprouvé un changement en bien fi prodigieux,
qu'il ferait prefque impoffible de le reconnaître. M. Deflon lui-même
ne l'avait ni efpéré, ni promis. J'ai remarqué de fréquentes éruptions
de petits boutons fur les parties malades, & dont le travail n'eft pas
fini.

Ma fille n'a jamais eu ni vapeurs ni convulfions.

Elle a fuivi le traitement de M. Mefmer, dans le tems où M.
Deflon & lui étaient réunis; l'un & l'autre la traitaient indiftinctement,
& leur opinion fut abfolument la même.

Tout ceci eft l'exacte témoignage de la vérité, dû à la reconnaiffance. C'eft depuis que ma fille eft entre les mains de M. Deflon,
c'eft après les foins qu'il lui a donnés, que j'ai joui du bonheur de
lui voir quitter le férieux d'une raifon trop prématurée; reprendre de
la vigueur, du mouvement, de la gaieté & qu'enfin je l'ai vue fauter
& courir.   C

Je dois à M. Deflon le bonheur inexprimable d'une mere qui retrouve la santé d'un enfant qu'elle voyait languir, & qu'elle craignait de perdre ; peut-être faut-il être mere pour apprécier ces sentimens que je lui dois, & qui m'ont déterminée à donner le témoignage public que je signe. *signé.* Dupont Cannet. à Paris le 7 Septembre 1784.

Le Fils de Mde. la Baronne de LAURISTON , âgé de dix ans.

Mde. la Baronne de Lauriston sa mere, atteste qu'il était survenu depuis six semaines à son fils une dartre au menton ; que les remèdes qu'on lui donna l'irritaient si fort, qu'il lui prit une toux seche très-fréquente & une grande faiblesse de jambes qui l'empêchait de faire ses exercices ; qu'elle l'a mené chez M. Deflon ; qu'après quelques jours de Magnétisme les forces revinrent, que la dartre a diminué peu-à-peu presque insensiblement, & qu'au bout de deux mois, il a été parfaitement guéri, sans avoir pris de remède, ni essuyé aucune crise.
Signé à Paris, le 9 Septembre 1784. La Baronne de Lauriston.

Le petit VILLAIR.

Son pere certifie que depuis le 12 Septembre, que l'enfant âgé de vingt mois a été conduit au traitement de M. Deflon, il éprouve un quart de diminution dans ses révolutions convulsives qui lui prenaient 4 & 5 fois le jour, & qui font réduites au nombre de 2 & 3, & quelquefois à une seule. Sa crise, le tems qu'on le magnétise est un sommeil très-calme. *Signé*, Villair à Paris, ce vingt-deux Septembre 1784.

La petite MANON CLIQUET, âgée de 11 ans.

Dès son bas âge, elle a été attaquée d'une oppression considérable tendant à l'asthme. Tous les mois elle avait pendant 5 à 6 jours des quintes de toux si considérables, qu'elle ne pouvait dormir ni prendre nourriture, & souvent elle vomissait des matieres glaireuses, elle avait une élévation très-marquée à la poitrine. Le Magnétisme lui a fait éprouver des crises, à la suite desquelles elle vomissait des matieres blanchâtres, & par petits grumelons ; elle a été pendant trois mois au baquet, & constamment elle a éprouvé les mêmes choses : elle a crûe de deux pouces au moins pendant ce tems, ce qui pourrait finir par la développer si elle pouvait continuer. Le fonds de sa santé est infiniment meilleur, & je ne doute nullement que quelques mois de plus ne la guérissent entiérement. Sa mere, par reconnaissance, me demande à signer après moi.
Signé Le Caron Segoine. *& plus bas* F. Cliquet.

Le Sieur PETRY, âgé de 10 à 11 ans.

Son pere certifie que son fils a commencé à se faire traiter le 29 Mai pour des glandes qu'il a sous le menton & sous les aisselles, & qu'elles sont diminuées. *Signé*, le 30 Août 1784.

Le Fils de FRANÇOIS GUILLEMINOT, Cocher des voitures de la Cour, âgé de six mois.

Sa mere certifie que son enfant fut apporté au traitement au mois d'Août dernier.

Les Médecins regardaient sa perte comme certaine. Les yeux tournés, la respiration manquant de tems en tems s'échappait comme par subressaut, le teint livide.

On le magnétisa cinq quarts d'heure.

Les yeux se placerent dans leur état naturel, la respiration devint plus facile.

La mere demande à grands cris qu'on lui renvoie un Médecin. Vers les cinq heures du soir, il fût magnétisé de nouveau sur le front à la racine du nez. Enfin le dépôt se fit une issue par le nez, & l'enfant a été sauvé apres cinq ou six autres traitements.

Un ENFANT de 26 mois, brûlé.

Je certifie avoir mené chez M. Deslon, un enfant de 26 mois, dont le bras avait été brûlé jusqu'au coude & la peau entiérement enlevée, & qui a été parfaitement guéri en 9 jours, sans avoir mis aucune drogue sur son bras & sans qu'il soit resté de marque. Il y avait 24 heures que cet enfant était brûlé lorsque l'on commença son traitement; ce qui avait donné au mal le temps de faire tout son progrès. A Paris, ce 28 Septembre 1784. *Signé* PERRUCHOT, Vicomtesse d'ALLARD.

Mlle. de St. ANGE.

Je certifie que ma fille fut attaquée, à l'âge de six mois, d'une dissenterie; elle avait par jour dix à douze évacuations très-vertes dans lesquelles il y avait beaucoup de sang, qu'elle ne rendait jamais qu'après de très-vives douleurs. Dans cette circonstance, je confiai ma fille aux soins de MM. Deslon & Biénaymé, pour lui administrer le Magnétisme animal, en ayant éprouvé par moi-même les bons effets dans une maladie longue & grave. Ils voulurent bien lui donner leurs soins; elle fut magnétisée. Les évacuations devinrent moins fréquentes & moins douloureuses de jour en jour, & après douze jours de traitement, sans avoir employé aucun remède que le Magnétisme animal, l'accident ceffa totalement. Elle jouit maintenant de la meilleure fanté. J'avais préfumé, mais à tort, que le germe des dents avait pu occafionner cet accident; puifque, depuis plus de deux mois, les gencives de l'enfant font dans le même état qu'auparavant. Paris, le 15 Octobre 1784. *Signé*, CHERTEMPS de St. ANGE, Porte-manteau du Roi.

Melle. le CLERC.

Mde. fa mere a donné le certificat fuivant.

Au mois d'Avril dernier, ma fille âgée de 15 mois, eut une fiévre violente, des convulfions, & tous les autres fymptômes d'une maladie grave; mon Médecin m'annonçant qu'il la trouvait fort mal, me confeilla de lui faire mettre des véficatoires, & de lui faire faire fur le champ une faignée : je fus effrayée de ces remèdes; pour un enfant de cet age, & préférai de la mener au Magnénifme, dont elle fe trouva parfaitement bien; car au bout de deux jours, tous ces accidents étaient diffipés, & elle a rendu un abcès confidérable. Au bout de huit jours, elle fut parfaitement bien portante, & n'a eu aucun reffentiment de cette maladie. Toutes les fois qu'on la magnétifait, elle était dans une agitation extrême, & finiffait par des fueurs abondantes; cela ne pouvait pas être occafionné par la preffion de l'eftomac : le plus fouvent on ne la touchait pas.

Le jeune d'ACOSTA.

Le fils de Madame d'Acofta, âgé de fix femaines, ayant de violentes coliques, ne pouvant plus tetter, ayant la langue, le palais & le gofier garnis d'aphtes, en fix heures de temps a repris la mamelle, & en huit jours a été parfaitement guéri, après avoir eu de fortes évacuations de matieres qui verdiffoient à l'air.

Mlle. de MASSAC.

Elle fut attaquée, le mois de Février dernier, d'une violente fievre, crachant le fang avec abondance, & un point de côté.

Elle a été magnétifée le fecond jour de fa maladie.

Au bout d'une heure les agitations furent calmées; la nuit fut bonne, la tranfpiration furvint : elle but de la limonade, & trois jours après elle fut rétablie.

SECONDE CLASSE.

Malades fur lefquels le Magnétifme n'a produit aucun effet-fenfible, mais qu'il a foulagés ou guéris.

Certificat de Madame la Vicomteffe de LINIERES.

J'étais depuis huit ans malade d'une fuite de couches, & depuis mon rétour d'Amérique j'étais beaucoup plus fouffrante. Au mois de Mai de l'année derniere, mon état avait empiré, mes accidents redoublaient de plus en plus. Depuis lors jufqu'au mois d'Octobre fuivant, je paffai toutes les nuits dans un fauteuil, ne pouvant me coucher. J'avais des quintes de toux exceffives, des fuffocations encore plus cruelles, des maux de tête extrêmement violans & prefque fans relâche. Je confultai beaucoup de Médecins. Les uns me dirent que j'étais poitrinaire, les autres que j'étais athfmatique. Je fis, d'après leurs ordonnances, quantité de remedes fans éprouver aucun foulagement. En Octobre 1783, je m'adreffai à M. Deflon. Il m'affura que tous mes maux étaient caufés par un dépôt de lait qui s'était fixé dans la tête & dans la poitrine. J'ai fuivi fon traitement pendant fept mois, & ayant été effectivement évacuée par toutes les fecrétions d'une humeur laiteufe très-abondante (ce qui ne peut être douteux, puifque j'en ai rendu une grande quantité par le fein), j'ai recouvré la plus parfaite fanté, n'en ayant pas eu un moment depuis huit années entieres jufqu'à l'époque où j'ai quitté le traitement, tout à fait guérie. Fait à Paris, le 26 Septembre 1784. *Signé*,

Madame la Vicomteffe D'ALLARD.

Je déclare, que depuis une maladie que j'eus au mois de Juillet 1777, je me trouvai fujette à des fuppreffions fort longues, qu'elles n'eurent pas d'abord d'autres effets que celui de me faire engraiffer prodigieufement. Ces fuppreffions donnant de l'inquiétude à ma famille, je me déterminai à faire les remedes ufités en pareil cas, qui n'eurent point de fuccès. Je fus en 1782, aux eaux de Forges qui ne me réuffirent pas davantage. Au mois de Décembre de la même année, je me remis entre les mains de M. Deflon ; j'éprouvai dès les premiers jours des effets très-falutaires. Au mois de Mai fuivant, ayant interrompu le traitement, je retombai dans les mêmes accidens dont il m'avait tirée. J'y retournai au mois d'Août. J'éprouvais alors de grands maux de tête & des étourdiffemens. Les mêmes bons effets eurent lieu. Enfin, au mois de Janvier dernier , je fus attaquée d'une fievre & d'un violent mal de gorge dont j'ai été guérie en quatre ou cinq jours fans aucun autre remede que le magnétifme ; depuis ce tems je jouis d'une très-bonne fanté. Dans tous les tems que j'ai fuivi le traitement, je n'ai reffenti aucun agacement de nerfs , ni depuis que je l'ai quitté. *Signé.* A Paris le 5 Septembre 1784.

Madame de la PERRIERE *, Fermiere générale.*

Déclare avoir été attaquée en 1782 , d'une douleur rhumatifmale aux niams & aux jambes , & enfuite univerfelle. L'humeur fe porta aux yeux & à la poitrine , & occafionna une toux opiniâtre & des étouffemens fréquens. Les doigts fe courberent & il vint des nodus à toutes les articulations. Elle a été au magnétifme par le confeil d'un ami qui y avait trouvé fa guérifon.

Elle n'a éprouvé aucune fenfation , ni au baquet, ni par les directions ; mais dès le premier jour elle eut de l'appétit , du fommeil, marcha plus librement & fe trouva beaucoup mieux. Il lui furvint une grande quantité de petits boutons aux bras & aux mains. Elle fut paffer quelques jours à la campagne , les boutons difparurent. Elle revint au magnétifme, les boutons reffortirent. La toux diminua infenfiblement ainfi que les étourdiffemens , & au bout de trois femaines fans avoir rien pris , elle fut purgée complettement. Elle a fuivi le magnétifme tout l'été 1783 , fans avoir jamais éprouvé ni crife , ni même de la chaleur. Ses mains ont repris leur état naturel , elle n'a plus de douleurs , & depuis huit mois elle n'a pas éprouvé la plus légere incommodité. *Signé à Surennes , le* 21 *Septembre* 1784.

M. de MONTCHEVREL *, Receveur-Général des Finances.*

Déclare avoir été attaqué d'engorgemens au petit lobbe du foie & au méfentere , & , après treize mois de remede & de dépériffement , avoir effayé du magnétifme fans y avoir trop de confiance.

Il eft entré au baquet le 15 Juin dernier.

Dès le fecond jour il fut purgé quatre fois fans crifes ni convulfions ; les évacuations fe font foutenues. Il prenait tous les matins quatre verres de crème de tartre : mais il a remarqué qu'elle ne le purgeait jamais quand il n'allait pas au baquet. Avant d'être traité, il ne pouvait ni lire ni écrire ; il ne digérait qu'avec peine un membre de volaille : actuellement il digere tout , même les crudités ; fes forces font revenues, il peut vaquer à fes occupations ; fa maigreur eft moindre , fon teint meilleur. Il a eu pendant le cours du traitement deux étourdiffemens ; il n'en a plus depuis quarante-deux jours , quoique avant d'être traité , il en eût tous les jours , & fouvent deux fois le jour. Le fentiment du Magnétifme a été fi léger qu'il n'en a reffenti aucune irritation , mais par fois une chaleur pénétrante & interne. *Signé , le* 3 Septembre 1784.

M. le Comte de FONTETTE.

J'ai trente-neuf ans , étant né à Dijon le premier Avril 1745. En 1769 je reçus un coup de feu qui me traversa le cou , la bale ayant paffé d'abord entre l'artere careide & la jugulaire , puis entre la chair & les vertebres de la nuque pour fortir obliquement dans cette direction. Les plaies furent fermées en trois femaines , mais le fyftême nerveux refta fi altéré que je ne pus achever la campagne. J'ai été dès-lors fujet à des attaques de nerfs quelquefois très-vives , & fouvent excitées depuis par les différentes caufes phyfiques & morales qui les produifent communément. Je devins fujet à de fréquens maux de rein ; je rendis des fables de tems à autre , je me crus fouvent menacé de la gravelle , même de la pierre , jufqu'en 1779 que je paffai en Amérique. De retour en France par l'Angleterre , j'arrivai avec le fcorbut en 1780. J'avais , en quatorze mois , paffé 213 jours à la mer : mes fouffrances recommencerent dès l'automne ; l'hiver qui fut affez rude les augmenta confidérablement. En 1781 je vis une feule fois M. Mefmer , qui ne me connaiffait pas du tout , & je recommençai de fervir jufqu'à la paix. J'avais employé , par intervalles , les rafraîchiffemens , les calmans , les apéritifs ; je me revis bientôt au même état où je m'étais trouvé le premier hiver qui fuivit mon retour d'Amérique. Des fpafmes , des crifpations , des treffaillemens pénibles & involontaires , des tiraillemens d'eftomac , une faim dévorante prefque continuelle , des douleurs au cou , tantôt femblables à celles de la crampe , tantôt à une forte d'étranglement intérieur. Ce dernier genre de fouffrance était le plus long , le plus cruel , & il était fréquent. Les douleurs de rein & les fables l'étaient un peu moins , mais l'étaient auffi. Le fommeil fouvent interrompu , pénible & agité , la conftipation prefque habituelle ; tel était ordinairement mon état. Des caufes légeres fuffifaient pour l'aggraver & me donner des convulfions. Je confultai M. Deflon , il me dit exactement les mêmes chofes qui , deux ans auparavant , m'avaient été dites par M. Mefmer. J'ai , dans ma lettre à M. Deflon , déjà fait mention de cette étonnante conformité ; des obftructions à la rate furent reconnues par lui , comme elles l'avaient été par M. Mefmer , pour la principale caufe de mes maux. Je recommençai le traitement l'année derniere au mois de Septembre , je l'ai quitté en Juin. Voici mon état actuel : il n'eft aujourd'hui plus queftion de graviers , ni prefque plus de maux de rein ; mes attaques de nerfs font très-rares & très-diminuées , la fibre eft plus forte , le genre nerveux eft raffermi , le fommeil tranquille & profond. Quand je retourne au baquet , je retrouve un mieux être encore plus foutenu & plus fenfible , & il eft néceffaire d'obferver que j'ai fouvent interrompu le traitement. J'ai encore , dans les changemens de tems , quelques douleurs paffageres dans les mufcles du cou , mais je ne me fens plus étrangler , je n'ai plus la faim canine ; je n'ai plus de convulfions , même dans les circonstances qui m'en causaient. Excepté sous le soleil ardent des Antilles & de l'été d'Espagne ; je n'ai jamais éprouvé autant de bien être & de soulagement qu'aujourd'hui. J'en conclus *que le Magnétisme animal est un véritable supplément de la chaleur du soleil, autant que celle-ci peut être considérée comme principe de vie & de conservation des corps organisés.* Je crois ce supplément encore susceptible d'être porté beaucoup plus loin, & ne l'ai jamais trouvé aussi actif que je l'aurais désiré, n'en ayant obtenu que trois ou quatre sueurs bien caractérisées ; mais j'en ai vu procurer de très abondantes à plusieurs personnes par ce moyen. Il a principalement agi chez moi par les selles, m'ayant fait rendre beaucoup de glaires, & toujours sans douleur ou avec très-peu de douleur. J'ai dit que j'étais habituellement constipé, & je ne le suis plus.

Je crois ne rendre ici que justice à M. Deslon, je crois lui devoir infiniment de reconnaissance, car ce n'est pas en quelques mois & avec si peu de suite, qu'on peut guérir complettement des maux de quinze années, & probablement cela n'est même pas très-souvent possible. Enfin, je tiens pour assuré que l'avantage de conserver ou réparer une machine humaine aussi bien qu'elle peut l'être, ne résultera jamais ni du Magnétisme animal, ni d'aucun moyen quelconque, sans y joindre sur tous les points, cette modération soutenue qui caractérise la vraie sagesse, & qui sans doute est, comme elle, aussi rare que désirable. On m'accusera de prévention & de prétention, ce qui est bien pis, si je disais que le Magnétisme animal dispose à cette sorte de philosophie pratique, en rapprochant toute notre maniere d'être, d'un juste équilibre : Cette vérité n'est pas encore mûre & a besoin de beaucoup de tems & d'expériences pour se naturaliser parmi nous. J'oserais cependant promettre aux persiffleurs de ne pas me laisser enfler de trop d'orgueil, quelque flatté que je fusse de l'honneur qu'ils me feraient en se moquant bien fort de moi ; mais je n'ai pas tout à l'heure tant d'ambition, & je m'en tiens à certifier les avantages physiques & directs que j'ai moi-même éprouvés & exposés ci-dessus. Fait à Paris, ce 28 Septembre 1784, *Signé*, le Comte de FONTETTE SOMMERY,

M. le VAVASSEUR.

Je dois entiérement au Magnétisme animal, administré par M. Deslon, l'amélioration marquée de la santé de ma femme, & la guérison parfaite de ma fille.

Ma femme était tombée, en 1770, dans l'état le plus fâcheux & le plus inquiétant, par les suites d'une maladie de nerfs. Je consultai alors M. Tissot : il conseilla des bains aussi froids qu'on pourrait les soutenir, & un régime plus fastidieux que difficile à suivre ; ma femme, toujours dirigée par ses conseils, prit constamment & sans aucune interruption,

des

des bains pendant plus de dix-huit mois , à la chaleur de 21 à 22 degrés du thermomètre de Réaumur ; tous les accidens disparurent enfin , & sa santé fut rétablie autant qu'elle pouvait l'être.

Au bout de quelques années sa santé recommença à chanceler ; des maux de tête fréquents , une humeur stagnante dans la tête , & qui se jettait souvent sur les yeux , la tourmentaient souvent d'intervalle à autre ; elle souffrait aussi des douleurs souvent très-vives , mais presque continuelles , dans les articulations des genoux ; elle avait enfin des accès passagers de fievre & qui revenaient assez souvent : elle a eu recours au Magnétisme animal en même tems que ma fille ; les maux de tête sont dissipés , elle ne ressent plus les effets de l'humeur dont on vient de parler , il n'y a plus de douleur dans les genoux , ni d'accès de fievre , elle a engraissée , elle jouit enfin d'une meilleure santé dans tous les points.

Ma femme n'a jamais eu aucune convulsion ni pendant ni après les traitemens , malgré la mobilité reconnue de ses nerfs ; elle a seulement eu deux crises remarquables , & provenantes sans doute de l'effet du Magnétisme animal sur les humeurs stagnantes dans la tête. Voici le précis de ces crises.

Au bout d'environ un mois d'assiduité au traitement du Magnétisme , elle eut une fievre très-forte accompagnée de violens maux de tête & de sueurs abondantes : les douleurs étaient locales & changeaient de place. Cette crise a duré cinq à six jours ; il n'y a pas eu d'autre traitement que le Magnétisme , & ma femme est revenue à son état ordinaire , sans aucun intervalle de convalescence.

M. Deslon , qui avait annoncé quelle serait à peu près la durée de cette crise , & qui avait pronostiqué juste , annonça de même qu'elle ne serait pas la derniere. En effet , deux ou trois mois après , ma femme eut une seconde crise , mais moins violente que la premiere , & depuis ce tems il n'a plus été question de crise.

Ma fille a eu , depuis sa naissance , l'existence la plus frêle , des accès de fievre qui se manifestaient dans des intervalles souvent très-courts ; des maux de tête ordinairement légers à la vérité , mais presque habituels , faisaient craindre continuellement pour sa vie.

Lorsqu'elle parvint à l'âge d'environ treize ans , on eut des raisons solides pour espérer qu'elle avait échappée aux principaux dangers que l'on avait à redouter pour elle ; on se flatta dès-lors que son tempérament se fortifierait , on n'avait aucuns motifs naturels de craindre que cela n'arriverait pas : néanmoins le contraire s'est manifesté ; au lieu de se fortifier , elle s'est affaiblie de jour en jour , un tein livide , des levres absolument décolorées , une maigreur tendante au marasme , des maux de tête plus habituels encore que jamais , un défaut presque absolu d'appétit , un découragement entier occasionné par un si grande faiblesse , que le moindre exercice la faisait trouver mal quelquefois jusqu'à perdre

D

connaiſſance : tel était l'état de cette jeune perſonne au mois de Janvier 1783, quoiqu'il n'y eût, depuis plus de huit mois, comme on croit néceſſaire de le répéter, aucunes des raiſons ordinaires qui auraient pu occaſionner cet état de langueur & de dépériſſement à l'âge dont il eſt queſtion.

Ce fut à cette époque qu'un des Médecins les plus occupés de Paris, & qui jouit d'une juſte réputation, reconnut & annonça des obſtructions au foie & aux hypocondres ; il faiſait prendre depuis du tems à la jeune perſonne, des ſtomachiques tous les jours, & des médecines douces à peu près de quinze jours en quinze jours, ſans qu'il en eût réſulté encore aucun avantage ſenſible.

Une ancienne amie de ma femme qui avoit éprouvé des effets ſalutaires du Magnétiſme animal, la détermina enfin à avoir recours à M. Deſlon pour elle & pour ſa fille.

Leur traitement a commencé vers la fin de Février 1783.

Les effets du Magnétiſme parurent faire des impreſſions peu ſenſibles à ma fille, à l'exception de l'appétit qu'elle avait meilleur, & cela juſques vers le 20 Avril. Elle fut alors attaquée d'une petite fievre accompagnée d'un mal de tête plus fort qu'à l'ordinaire : le mal-aiſe n'était pas aſſez conſidérable pour qu'elle fût obligée de garder le lit ; au bout de quelques jours elle rendit par le nez, en dormant, un dépôt conſidérable de matiere purulente ; il lui ſurvint en même tems autour des levres des boutons très-gros, & remplis d'une humeur ſi âcre, qu'ils occaſionnerent des excavations preſqu'auſſi fortes qu'auraient pu faire des boutons de petite vérole.

On obſerve ici que dans le cours du traitement, il lui eſt ſurvenu à différentes fois, des boutons à peu près auſſi conſidérables. Depuis cet événement ſa ſanté s'eſt fortifiée ſenſiblement ; au bout de ſix ſemaines M. Deſlon permit qu'on la menât à la campagne, mais en avertiſſant que le ſéjour ne pouvait être long, parce que la cure n'était pas encore complette. En effet, au bout de trois ſemaines le mal-aiſe & la faibleſſe s'étant fait ſentir de nouveau, la mere & la fille retournerent au traitement, & y paſſerent ſix ſemaines de ſuite ; ma fille revint à la campagne avec un ſurcroit de force conſidérable, & depuis ce moment, ni l'exercice prolongé de la danſe, ni de longues promenades ne l'ont fatiguée : pendant le reſte de l'année elle a grandie & engraiſſée en même tems.

Elle eſt retournée au traitement à la fin de Novembre ; elle a continué d'y aller aſſez exactement juſqu'au mois de Mai dernier ; enfin M. Deſlon lui a déclaré que le traitement lui devenait inutile quant à préſent : elle eſt en effet auſſi forte qu'elle était faible & languiſſante avant d'avoir éprouvé les effets du Magnétiſme, & elle jouit de la ſanté la plus conſolante.

Ma fille n'a jamais eu d'autre criſe que celle dont on a parlé plus haut ; elle n'a jamais eu , même la plus légere apparence de convulfions, quoiqu'elle en vît fréquemment fous fes yeux, & qu'elle aidât même à les foulager, en jouant fur un forté-piano magnétifé.

Je dois dire encore, en finiffant, que ma femme & ma fille ont fait ufage tous les matins, pendant le cours du traitement, de crême de tartre diffoute dans l'eau & prife le matin.

Je certifie cette déclaration conforme à la plus exacte vérité dans tous les détails. A Paris, le 30 Août 1784. *Signé* Le Vavasseur, Intéreffé dans les affaires du Roi.

M. DAVID , *ancien Gouverneur de l'Ifle de France.*

Je fuis tombé malade le 10 Juillet 1781, de douleurs de coliques horribles dans l'eftomac, les reins & le côté gauche ; je fis appeller un Médecin habile qui me donna tous les foins de l'amitié, ce qui n'em- pêcha pas que mes coliques ne fuffent en augmentant, elles me pre- naient tous les fept à huit jours. Ce Médecin tomba malade en Février 1783, j'en appellai un autre très-habile , qui me fit prendre tous les remèdes que fon art put lui infpirer ; mes coliques n'en devinrent que plus fréquentes & plus longues. J'étais devenu jaune , verd , ex- ténué, faible au point de ne pouvoir me foutenir. Ce Médecin avoua à ma femme que mon état était fort trifte & fort inquiétant. La pofition où je me trouvais & cet aveu me firent avoir recours à M. Deflon, qui eut la complaifance de me venir voir le 15 Février 1783. J'avais dans ce moment mal à l'eftomac & un grand feu par tout le corps, qui était la fin d'une colique que j'avais depuis douze heures. M. Deflon me dit, après m'avoir tâté, que mon mal provenait d'un engorgement à la rate ; & au bout d'une demi-heure qu'il me magné- tifa, je devins frais , & le mal d'eftomac difparut. J'étais depuis fept mois au régime , ne mangeant que du poiffon & des légumes. M. Def- lon m'ordonna de ceffer tout remede , de manger comme j'avais or- dinaire de faire en fanté, avec modération cependant , de boire de la limonade , de manger des oranges à ma volonté.

Après avoir été magnétifé 7 à 8 fois chez moi , j'ai eu des évacua- tions confidérables , de jours à autres ; les forces ont commencé à me revenir, & je me fuis trouvé en état d'aller à pied au traitement chez M. Deflon. Mes coliques s'étaient éloignées & avaient diminué de douleurs & de durée.

Pendant que j'ai été au traitement, j'ai eu des démangeaifons terri- bles par tout le corps & des fueurs les plus fortes, & enfuite pen- dant cinq femaines des évacuations très-abondantes, qui m'ont ôté les démangeaifons, les fueurs, la jauniffe verdâtre & les coliques. J'ai eu la derniere le 29 Novembre 1783. Depuis lors j'ai repris mon état ordinaire de fanté, mon embonpoint & mes forces & depuis Février

1784, je n'ai été au traitement que tous les huit ou quinze jours ;
uniquement pour fortifier ma fanté, & par reconnaiffance, toutes mes
connaiffances & les Médecins mêmes qui m'avaient vu, ne penfant
pas que je puffe revenir de l'état où j'ai été : de forte que j'ai tout
lieu de croire que je dois la vie au Magnétifme animal, & à la fa-
geffe avec laquelle il m'a été adminiftré.

Je certifie tout ce que deffus exactement véritable. *Signé*, à Paris,
ce 2 Septembre 1784.

M. PERRUCHOT.

Déclare qu'il fut atteint, il y a trois ans, d'un accident de goutte ;
pour avoir enduré un froid violent aux pieds dans la neige fondue ;
que M. Deflon fe trouvant un jour chez lui, il le plaifanta fur le
Magnétifme, mais que fes douleurs étant devenues des plus aiguës, il
envoya prier ce Médecin de venir le voir : qu'il lui fit voir fon pied
qui était noir jufqu'au haut du tendon d'Achille ; que M. Deflon
l'ayant magnétifé, & fon caroffe à peine forti de la cour, il eut une
évacuation prodigieufe, & que la douleur du pied fut dans l'inftant
fi diminuée, qu'il put revenir dans fon lit, en traverfant deux pièces :
que deux heures après, il eut une feconde évacuation ; qu'à midi du
même jour il s'habilla, & que fentant la douleur diminuer à
chaque minute, il fit deux vifites ; que le foir il n'avait prefque plus
de reffentiment, & le lendemain abfolument rien, & que depuis il
jouit d'une parfaite fanté. *Signé* le 14 Septembre 1784.

M. SANTON.

Je fouffigné, Antoine SANTON, valet-de-chambre de Monfeigneur
Comte d'Artois, certifie que M. Deflon Médecin ordinaire de S. A. R.
Monfeigneur Comte d'Artois, m'a guéri, par le Magnétifme animal,
d'un Rhumatifme que j'avais depuis fix mois au bras droit, qui m'empêchait de me fervir de mon bras, ne m'étant fenti aucunes douleurs
depuis, ayant des palpitations de cœur depuis quatre années, defquelles
je me fens parfaitement guéri depuis ce tems. Mon traitement n'a
duré que trois jours, & au premier traitement la douleur de bras s'eft
diffipée par une fueur très-abondante. Fait à Paris ce 30 Septembre 1784.
Signé

M. de MARIGNAN.

Je certifie qu'au commencement de Janvier 1783, étant alors âgé
de foixante ans, & n'ayant pour ainfi dire jamais été malade ; mais
ayant, depuis environ quatre années, une enflure ou engorgement au bas

des jambes, à laquelle je faisais peu d'attention ; je fus surpris la nuit, au moment où le sommeil s'emparait de mes sens, par un chatouillement & une secousse très-forte qui produisit l'effet que produirait un rat qui grimperait très-vivement de bas en haut le long de mes reins ; que soit frayeur, ou suite naturelle de cet accident, je restai long tems avec une forte palpitation & des battements dans plusieurs parties du corps, & principalement au-dessous des fausses côtes, avec une sueur froide, & une espece de défaillance. J'essayai de me placer dans plusieurs positions, & j'éprouvai, la même nuit, à deux différentes fois, de pareilles secousses. Le lendemain, je commençai par me rafraîchir, & je continuai pendant huit jours ; mais les mêmes incommodités revenant chaque nuit, je consultai des Médecins, qui quoiqu'ils ne pussent donner un nom à ma maladie que je nommais *des Rats*, ne laisserent pas de me médicamenter de toutes les manieres. A travers tous les lavements, les bains, les poudres, les pilules, les purgations, j'eus à la fin de Juin, & au commencement de Juillet de la même année, dix accès d'une fievre double-tierce ; & pendant ces dix jours, je n'eus aucune secousse ; mais la fievre m'ayant quitté, mes rats me reprirent ; je continuai les remèdes ; & les secousses, bien loin de diminuer, augmenterent encore ; elles devinrent si fréquentes, que j'en avais jusqu'à douze dans une nuit ; les jambes toujours engorgées, & de plus des engourdissements, qui me prenaient dans la cuisse gauche, & qui me forçaient quelquefois de m'arrêter quand je marchais. Je certifie de bonne foi, que me ressouvenant, que trois habiles Médecins m'ayant privé d'une femme qui m'était bien chere, la peur me prit ; & que ne voulant pas attendre que de remède en remède on me conduisît au point de m'appliquer les vésicatoires, je pris le parti de renoncer à toutes les ordonnances de l'ancienne Médecine.

J'allai consulter M. Deslon, qui me dit que j'avais un empâtement à la ratte, que le Magnétisme me guérirait, mais que ce serait fort long. En conséquence, je me rendis à son traitement. La première fois qu'il me toucha, je sentis des borborismes dans les entrailles, & je fus contraint de me rendre précipitamment chez moi, où j'eus une évacuation considérable. J'ignore si les matieres étaient cuites ou crues, mais elles me parurent très-noires ; du moins mon imagination me les fit voir telles : car elles pouvaient bien être très blanches. Cette évacuation est la seule sensation bien marquée que j'aye éprouvée chez M. Deslon. Il est vrai qu'il m'a toujours touché très-légérement ; & que ne me trouvant peut-être pas digne d'être traité comme une petite maîtresse, il ne m'a point froissé les côtes, & ne m'a jamais enfoncé rudement les pouces dans le creux de l'estomac. Quoi qu'il en soit, au bout de deux mois mes jambes se trouverent dans leur état naturel ; je n'eus plus d'engourdissements, je ne sentis plus aucune secousse, & je dormis, ou du moins je crus dormir.

Comme pendant ces deux mois, j'avais fait usage, tous les matins, de la crème de tartre, j'avoue que ce fut autant à ce petit purgatif, qu'au Magnétisme, que j'attribuai le soulagement que j'éprouvais : je crus qu'il suffirait pour me guérir radicalement. Je cessai d'aller chez mon Médecin, en continuant toujours de prendre très-réguliérement de la crème de tartre; mais trois semaines après, mes rats se réveillerent, recommencerent à me grimper les reins; & je me vis contraint de retourner au baquet: je n'y fus pas plus de quatre jours, que je fus soulagé: j'y restai deux mois encore, après lesquels ne sentant plus rien, croyant dormir tranquillement, je quittai le Magnétisme, & ne pris que la crème de tartre, je fus deux mois sans éprouver la plus légere inquiétude, dormant ou croyant dormir six heures de suite du sommeil le plus tranquille. Mais étant de nouveau réveillé par mes maudits rats, je suis enfin revenu pour la troisieme fois chercher le remede qui m'a soulagé. Il y a deux mois que je suis au traitement, & il y a six semaines que je ne sens aucune espece d'incommodité. Je bois, je mange, ou du moins, je crois manger & boire, comme je crois que je dors; je marche lestement, je monte mes trois étages en enjambant les marches de l'escalier deux à deux, je les descends de même, & j'ai soixante-deux ans.

Si c'est à l'illusion, que je dois la santé dont je crois jouir, je supplie humblement les savants, qui voyent si clair, de ne la pas détruire: qu'ils illuminent l'univers, qu'ils me laissent mon erreur, & qu'ils permettent à ma simplicité, à ma faiblesse & à mon ignorance de faire usage d'un *agent invisible & qui n'existe pas*, mais *qui* me guérit: car j'espere encore, & je me flatte que quelque jour, mon imagination se montera au point de me prouver clairement que je suis jeune: il ne me manque que cela: c'est une bagatelle, elle m'a déjà prouvé que je me porte bien: & c'est beaucoup. A Paris, le 30 Août 1784. *Signé*.

M. *PATILLON*, *Docteur en Médecine de la Faculté de Besançon.*

Je fus appellé le 30 Juillet à Nogent sur Marne pour voir le domestique de Mde. de Boucherolles, qui depuis cinq semaines souffrait cruellement d'un mal de tête: je le questionnai en vain sur la cause qui aurait pu déterminer un mal aussi opiniâtre; tous les remèdes connus & usités en pareilles circonstances, avaient été mis en usage, sans aucun soulagement (1). Je me déclarai pour le Magnétisme; on balança d'abord, mais enfin on acquiesça à mon raisonnement (2). Le malade fut magnétisé sur l'heure, & voici quels furent les phénomènes qui

---

(1) Il était alors en province.
(2) J'ai été accusé ici par un de nos confreres d'avoir éloigné quelques malades du Magnétisme, en niant son existence. Ce fait prouve le contraire.

se passerent pendant que je le magnétisais. Le pouls que j'avais trouvé dur, mais peu fréquent, s'amollit, & le nombre des pulsations augmenta en proportion ; dix minutes se passerent ainsi, alors la douleur de tête se porta sur les muscles du col : ceux-ci se dégagerent à leur tour, & la douleur vint se fixer à l'épaule, puis au coude, enfin au poignet. Ces divers changemens s'opérerent pendant l'espace de quinze minutes, la douleur était si vive que le malade tomba en syncope. Ayant été transporté dans son lit, je continuai mon opération encore pendant cinq minutes ; il revint alors à lui & se plaignit que le poignet lui faisait très-mal. Je l'encourageai de mon mieux à souffrir encore pendant quelque tems, pour la récompense qu'il serait bientôt guéri : je ne me trompai point, il s'endormit sous le doigt magnétique ; je l'abandonnai alors pour annoncer à sa maîtresse alarmée son état actuel. Il dormit vingt minutes, & ne fut éveillé que pour avoir une évacuation de six selles qui firent disparaître tout symptôme de douleur, & le malade se trouva parfaitement à son aise. Telle fut la guérison parfaite opérée dans cinquante minutes : aujourd'hui il se porte très-bien, & depuis n'a eu nulle incommodité. Telle est la vérité. Heureux si elle pouvait être de quelque poids sur l'incrédulité populaire !

Madame V. . . . . rue de Bourgogne, Fauxbourg Saint-Germain, était attaquée depuis cinq ans d'une sciatique qui lui était servenue à la suite d'une couche fâcheuse, & qui l'obligeait à garder la maison. Le mal s'était propagé dans la région lombaire ; les muscles qui occupent cette partie étaient dans un état tel qu'ils ne pouvaient fournir à aucuns mouvemens sans les plus vives douleurs. Elle avait consulté différents Médecins, qui tous étaient convenus que c'était le lait qui s'était fixé sur cette partie, en conséquence ils lui avaient administré tous les remedes usités en pareil cas, qui, bien loin d'apporter du calme, avaient augmenté l'intensité de la douleur.

Fatiguée & rebutée de tous remedes infructueux, elle résolut d'abandonner à la nature le soin de sa guérison : ce dernier parti ne fut pas plus heureux. Les insomnies, jointes aux douleurs continues, altérerent à la longue les digestions ; elle eut recours de nouveau à des Médecins de la Faculté de Paris, qui jugerent qu'un elixir stomachique remplirait leurs vues, mais ils se trompaient comme on le verra ci-après.

A cette époque elle apprit que le Magnétisme faisait des cures en tous genres, elle ne voulut point croire aux rapports qu'on lui faisait, elle voulut voir ; en conséquence elle se rendit chez plusieurs malades, qui tous lui assurerent ou être guéris, ou avoir éprouvé un soulagement à leurs maux. Eclairée par le flambeau de l'expérience, elle résolut de se faire magnétiser : je fus appellé le 13 Août 1784. Je la trouvai dans l'état décrit plus haut, une douleur brûlante qu'elle me dit ressentir à la région épigastrique, depuis l'usage de l'elixir, ne m'annonçait que trop que ce remede lui avait mis l'estomach dans un état de phlogose.

Tous remedes fupprimés , ce vifcere qui me parut devoir exiger les plus prompts fecours , m'occupa d'abord , puis mes vues fe tournerent du côté de la maladie primitive : je continuai ainfi , dès le jour cité plus haut , à magnétifer cette Dame , enforte que j'ai obtenu une cure radicale dans l'efpace de quarante jours. Aujourd'hui elle vaque fans peine à fes affaires , tous fentimens de douleurs font éteints , & toutes les fonctions animales fe font avec le plus libre exercice.

Voici un autre fait du Magnétifme fur une gale qu'une Demoifelle avait apportée au monde en naiffant.

La Demoifelle qui fait le fujet de cette obfervation , naquit avec une gale que l'on pourrait nommer lépreufe. Ses parents efpérant qu'une nourrice faine pourrait réparer une maladie contractée dans le fein d'une mere mal faine , n'avaient pas balancé à lui choifir ce qu'il y avait de mieux en nourrices. Le tems s'écoulait fans qu'il apportât aucun changement favorable. Parvenue à l'âge où les organes ont acquis plus de force , & où l'on peut fans crainte adminiftrer quelques remedes , à cet âge, dis-je , on lui fit ufer de tous les remedes qui font décrits dans nos pharmacopées pour les maladies de la peau , mais ce fut toujours fans fuccès. Les gens de l'Art voyant échouer tous leurs remedes , crurent qu'il n'y avait que l'âge où les regles paraîtraient qui pourraient la délivrer d'une maladie auffi opiniâtre que dégoûtante. Elle avait onze ans lorfque j'ai été appellé pour la traiter.

Après tant de vains efforts , il était réfervé au feul Magnétifme de changer la conftitution de cette malade. Au bout de quinze jours de traitement , fans autre remede qu'une légere boiffon de crème de tartre , on a vu les boutons pforiques fe détacher & laiffer à nud une nouvelle peau : au teint plombé qu'avait toujours eu la malade , a fuccédé la peau la plus blanche. Dans ce moment je la traite encore , pour dépurer entiérement la maffe des humeurs , & elle touche au terme heureux de fa guérifon.

D'après des exemples auffi frappans , l'on ne peut , fans manquer de bonne-foi , nier l'exiftence du Magnétifme. Si quelqu'un doutait des faits que j'avance , il peut s'adreffer à moi , je lui ferai voir les malades , & il fera convaincu par fes yeux.

Je dois ajouter aux détails que je viens de faire , qu'aucun de mes trois malades n'a eu de convulfions ; le premier n'a éprouvé que la fyncope de douleur dont j'ai parlé : le fecond , une douleur pendant plufieurs jours à la partie moyenne & interne de la cuiffe , du côté malade , un grand foulagement de cette partie par le déplacement de la douleur , des évacuations abondantes pendant les huit premiers jours , avec des piccotemens dans tout le corps , & plus particuliérement fur la gorge : la troifieme n'a rien éprouvé , mais la nature s'eft tournée du côté des évacuations , & elle a eu journellement jufqu'à cinq à fix garderobes. A Paris , ce 25 Septembre 1784. *Signé*

M. HOURRY ,

M. HOURRY, Médecin.

Déclare avoir eu une obstruction à la rate d'un volume considérable, qu'il est venu au traitement, jaune, maigre, ayant de tems en tems une fievre lente & des digestions très-laborieuses; qu'il y est depuis près de quatre mois; qu'aujourd'hui il digere très - bien, que la rate est beaucoup diminuée, qu'il est moins décharné, quoiqu'il n'ait pris aucun remede, pas même de crême de tartre.

Le Magnétisme ne lui a produit qu'un léger flux de ventre & quelques tranchées. *Signé* le 31 Août 1784.

M. THOMAS MAGNINES, Médecin.

Je fus attaqué en 1780 d'un forte obstruction à la rate,

Dans l'hiver 1783, je donnai mes soins à beaucoup de malades attaqués d'une fievre putride épidémique ; & j'en fus moi-même attaqué le 15 Janvier de cette année : j'échappai à cette fievre , mais il me resta une forte chaleur d'entrailles , & la rate se dilata tellement, qu'elle occupait tout l'hypocondre gauche, & s'étendait au-delà de l'ombilic. Vers la base elle était recocvillée sensiblement, & élevait les tégumens de plus de deux pouces.

Je vins chez M. Deslon le 22 Juin dernier. Je ne sentis rien dans les quatre premiers jours. Mais le cinquieme, je sentis de la chaleur aux hypocondres, j'eus une légere colique, & l'après-midi, une diarrhée chargée de beaucoup de bile. Cette diarrhée dura une douzaine de jours sans me fatiguer. La jaunisse du corps disparut totalement ; celle du visage diminua considérablement. La rate devint douloureuse, & l'est sensiblement davantage quand on me magnétise ; mais elle est moins dure : les urines qui étaient toujours claires, déposent un léger sédiment. De tems à autre, j'ai une légere diarrhée, je mange le triple depuis que je suis le Magnétisme, & sans que mon estomac éprouve le moindre dérangement.

J'use de la crême de tartre depuis huit jours ; je n'ai pas le genre nerveux assez sensible , pour avoir pu monter mon imagination, au point d'occasionner le mieux que j'éprouve. Je suis même venu au baquet avec l'incrédulité la plus marquée, & je ne me suis cru moi-même qu'après m'être examiné bien attentivement. Ce n'est qu'après une mûre réflexion que je me suis rendu à être persuadé de l'influence de cet agent sur moi. *Signé* le 1 Septembre 1784.

M. l'ABBÉ BIENAYMÉ.

Déclare avoir été affecté depuis dix ans de maux de tête continuels

E

de furdité par intervalles, d'une foule de louppes groffes comme des noix fur le corps, & ne pouvant dormir fur le côté droit.

Eft venu chez M. Deflon, le 5 Août dernier.

Il n'a eu ni crife, ni convulfion. Au toucher & même au baquet fans attouchement, il éprouvait d'affez vives douleurs aux hypocondres. Il a ufé de Magnéfie & de crême de tartre en petite quantité.

Il a obtenu, 1°. des évacuations fréquentes.

2°. Une tranfpiration générale dans toutes les parties du corps.

3°. La ceffation entiere de la furdité & des maux de tête.

4°. Un appétit & des digeftions qui lui ont permis de faire trois repas par jour au lieu d'un.

Ses louppes n'ont pas encore difparu, mais elles font infiniment amollies & diminuées de groffeur. *Signé* le 28 Août 1784.

M. PERRENOT, *Ecuyer.*

Déclare que depuis 10 ans, il étoit fujet à des vomiffemens & à des rhumatifmes au bras gauche; qu'il avait perdu la refpiration & le fommeil; qu'il avait comme une ceinture de douleurs & des mouvemens convulfifs extraordinaires, qui fe portaient à chaque inftant au cœur & entre fes épaules; qu'il avait perdu l'appétit, le fommeil, les forces, & qu'il étoit dans un marafme affreux.

Il eft entré au traitement le premier Juin dernier. Avant la fin du mois, les élancemens ont diminué, l'appétit & le fommeil font revenus, & quoique âgé de foixante-cinq ans, le malade reprend chair, & fes forces augmentent tous les jours.

Il n'a eu ni crifes ni convulfions, mais feulement une chaleur douce. *Signé* le 4 Septembre 1784.

M. DE DAMPIERE.

Attaqué depuis plus de deux ans d'une maladie de veffie, qui a réfifté aux remedes employés par les gens de l'art; affuré par des fondes réitérées qu'on ne pouvait attribuer cette maladie à la pierre, on me confeillait d'effayer du traitement de M. Deflon, & l'on me citait l'exemple de M. Defargés de la Vaultiere qui, dans une pofition à peu-près femblable à la mienne, avait été guéri fans employer d'autres moyens que le Magnétifme.

N'ayant point été témoin de cette cure, & ne connaiffant même pas M. de la Vaultiere, qui eft retourné à Breft depuis plufieurs mois, j'ai pris le parti de lui écrire.

Sa réponfe du 14 Juin, très-fage, très-honnête & très-détaillée, m'a confirmé ce que l'on m'avait dit de fa guérifon, & m'a déterminé, malgré mon peu de croyance à tout ce qui paraît fortir de l'ordre naturel, de me mettre entre les mains de M. Deſlon.

J'y ſuis depuis le 27 Juillet dernier ; mais auparavant, j'y fis l'expoſition de tout ce qui m'étoit arrivé, à M. Deſlon qui me demanda une épreuve du Magnétiſme pendant deux mois pour aſſeoir ſon opinion ſur ma maladie. J'y ai conſenti, j'aſſiſte aux ſéances du baquet. Je n'ai encore éprouvé aucuns effets ſenſibles. L'état de ma ſanté eſt le même. Les attouchemens, les frottemens, les geſtes de ceux qui me magnétiſent, la chaine, n'ont produit ſur moi rien de caractériſé. J'ai été journellement témoin des criſes les plus violentes. Elles ont excité mon étonnement & ma pitié, ſans me communiquer d'autre inſpiration.

Peut-être y a-t-il trop peu de tems encore que j'uſe du remede, je n'en ſais rien, & ma cure, ſi elle s'opere, ne ſera certainement due qu'à la choſe même ; car je n'ai point l'imagination exaltée, la date de mon extrait baptiſtaire y a mis ordre. Je vois des choſes très-extraordinaires, & ne raiſonne point ſur leurs cauſes, parce que j'en raiſonnérais trop mal. *Signé* à Paris, ce 11 Septembre 1784.

M. *LAVABRE*, Banquier.

Déclare être tourmenté depuis longues années par une humeur âcre & corroſive qui affecte toutes les parties du corps, entre autres la poitrine, le bras gauche & la main, & qu'à une ſorte d'enflure aux jambes, il s'était joint un dépôt qui s'ouvrait, laiſſait couler du ſang, & finiſſait par ſuppurer quelquefois pendant deux à trois mois.

Il a éprouvé du mieux au traitement ; a eu des intervalles tranquiles, les accès ont été moins longs ; les jambes ſont en aſſez bon état, il boit, mange & dort bien ; il ſe ſent plus de force, mais il n'eſt pas guéri.

Signé, le 8 Septembre 1784.

M. *CHASTENET*, Procureur au Parlement.

Certifie avoir été attaqué, en Février 1776, d'un rhumatiſme goutteux qui ſe porta ſur la poitrine, & occaſionna un crachement de ſang.

Il a pris le lait pour toute nourriture, pendant dix mois, mais ſans ſuccès. Il a fait d'autres remédes par l'ordonnance de ſon Médecin, auſſi inutiles.

En Septembre 1782, il ſe ſervit d'une boîte Magnétique à différentes repriſes, & eut, pendant quinze jours, des évacuations. Il s'eſt fait magnétiſer par M. Deſlon, & a ſuivi, depuis le commencement de Décembre juſqu'au mois de Mai, le traitement, autant que ſon état a pu le lui permettre. Les évacuations ont fait diſparaître ſes douleurs, & il jouit depuis ce tems d'une fort bonne ſanté. *Signé*, le 10 Septembre 1784.

M. METTER,

Déclare qu'attaqué d'anciens maux d'eſtomac, devenus plus violens en 1777, n'ayant plus de ſommeil, plus d'appétit, & ayant des étourdiſſemens fréquens & des vomiſſemens, il ſe rendit chez M. Deſlon en Août 1783 ; qu'il s'eſt trouvé mieux au bout de quelques jours ; qu'il a pris de la crême de tartre, qu'il éprouve au baquet beaucoup de tranſpiration ; qu'en Janvier 1784, il a eu un tremblement & une ſueur froide très-abondante. L'appétit lui eſt revenu ; le ſommeil a été plus tranquille, les maux d'eſtomac plus rares, la toux moins violente ; il a toujours été de mieux en mieux juſqu'en Juin dernier, qui fut le moment de ſa délivrance. Il lui prit une colique d'eſtomac qui dura huit jours, & qui le faiſait évacuer juſqu'à vingt fois par jour. Depuis ce moment il dort, mange bien, n'a plus de chaleur à l'eſtomac, d'étourdiſſement, de toux ; enfin n'a plus beſoin de Magnétiſme, que très-rarement. Signé, le 14 Septembre 1784.

M. GRAND-PIERRE, Procureur au Châtelet.

Déclare qu'en Avril dernier, il fut attaqué d'un grand mal de tête dans toute la partie gauche, qui lui a fait éprouver des douleurs ſi aiguës, qu'il a été plus de ſept ſemaines ſans dormir. Ce mal eſt venu à la ſuite d'un écoulement de rhume de cerveau, ſupprimé par le froid.

Il fut ſaigné du pied, on lui mit enſuite les véſicatoires ; il fut frotté avec la teinture de cantharides ; on lui appliqua les calotes d'opium, enſuite de la glace.

Il n'avait obtenu de tous ces remedes aucun ſoulagement, & en était même venu au point de vomir le peu d'alimens qu'il prenait.

Il a appellé M. Deſlon le 14 Juillet dernier.

Le cinquieme jour la douleur paſſa de la tête dans le bras gauche.

Le ſixieme, dormit deux heures.

Le dixieme, fut en état de ſe rendre au traitement.

Le 12 Août, les douleurs ont ceſſé entiérement, & il a repris ſes occupations ordinaires qu'il avait été obligé d'abandonner depuis le mois d'Avril dernier. Signé, le 10 Septembre 1784.

M. GUERRHARD, Directeur de la manufacture de porcelaine de Monſeigneur, Comte d'Artois.

Certifie qu'à l'âge de quatorze ans il eut le pied écraſé : pendant quinze ou dix-huit ans il n'y avait reſſenti aucune douleur, mais après cet eſpace de tems il a ſenti à ce même pied une faibleſſe juſqu'au-deſſus de la cheville ; pour peu qu'il marchât, le pied était comme mort : cela a duré pendant dix ans, allant toujours en augmentant. Il a eu recours, il y a trois ans, à M. Deflon, qui l'a magnétifé. La douleur a augmenté & eft devenue très-vive pendant vingt-quatre heures, au point de ne pouvoir pofer fur fon pied ni fouffrir fon drap. Le lendemain il a été magnétifé une feconde fois, & la douleur a difparu. Depuis ce tems il n'a reffenti aucun fymptôme de ce mal.

Certificat non figné, mais écrit en entier de la main de M. Guerrhard.

M. G U E F F I E R, Imprimeur.

Certifie qu'en Février dernier, il fut attaqué d'une fluxion de poitrine & fievre putride, qu'au feptieme jour de la maladie, après trois faignées, il avait eu le délire, & les évacuations & expectorations s'étaient arrêtées; que fon Médecin ayant déclaré à un de fes beaux-freres qu'il le trouvait fans reffource, on appella M. Deflon qui le magnétifa pour la premiere fois le 26 Février à fept heures du foir; que dans la nuit fa tête fe remit, & les évacuations & expectorations reprirent leur cours; que depuis ce moment il ne prit que de la limonade & du firop de grofeille; que le 6 Mars il mangea de la foupe, & le Dimanche fuivant de la viande; que depuis il a joui de la meilleure fanté fans éprouver aucun accident. Oubliait de dire que fon Médecin lui avait ordonné les véficatoires aux jambes, qui lui furent appliquées le 26 Février au foir. *Signé*, le 22 Septembre 1784.

La Dame B O V E.

La Dame Bove avait une fièvre putride des plus caractérifées. Les accidens devinrent effrayans, & menaçaient d'une mort prochaine. Le quatrieme jour de la maladie, l'oppreffion, l'angoiffe, l'irritation générale, les crachats fanguinolens, la tuméfaction du ventre, un vif point de côté & un délire perpétuel annonçaient la gravité de la maladie. Son Médecin, M. Valin, homme auffi inftruit que modefte, qui avait été témoin des deux cures opérées chez Madame la Comteffe de Sainte-Sufanne, & qui avait fait pour Madame Bove tout ce que la pratique la plus éclairée pouvait indiquer, fans en tirer aucun avantage, voyant le danger preffant, & ne confultant que l'intérêt qu'il prenait à fa malade, vint chez M. Deflon, ne diffimula pas l'état malheureux où était Madame Bove, preffa fi fort de concourir à lui fauver la vie, que par eftime pour le Médecin, & par humanité pour la malade, on fut la voir à fept heures du matin, le 24 Mars; on la trouva, comme le Médecin l'avait dit, dans l'état le plus déplorable, on ne crut pas devoir fe refufer à effayer de la foulager; elle fut magnétifée pendant une heure, & quoiqu'elle fût fans connaiffance, elle reffentit les effets du Magnétifme, ce qui fit annoncer au Magnétifeur que la malade aurait des évacuations dans la matinée; ce que le Médecin défirait fort, n'ayant point ofé les lui procurer par les moyens ordinaires, *dans la crainte de la tuer*, c'était son expreſſion : en effet, dans la matinée la malade remplit trois grandes jattes d'une bile poracée, & ſix garde-robes plus abondantes que trois fortes médecines n'auraient pu les procurer. Ces évacuations firent tomber la fièvre un peu, dégagerent ſenſiblement la tête, & procurerent à la malade un tel ſoulagement que le Médecin ordinaire s'écria, en voyant le Magnétiſeur arriver le ſoir pour recommencer ſon opération : *Vous avez fait un miracle, notre malade eſt ſauvée* ; pas encore, répondit-il, il y a beaucoup à faire. Il la magnétiſa de nouveau ; la nuit ne fut pas abſolument mauvaiſe ; la douleur de côté paſſa à l'épaule & au bras, ce qui rendit ces parties perclufes pendant plus de huit jours. La malade fut magnétiſée exactement pendant quinze jours : les évacuations ſe ſoutinrent abondamment pendant tout ce tems, & étaient d'une telle fétidité que tous les bijoux & meubles dorés de la malade en ont été ternis. Enfin, à l'aide de la limonade, du ſirop de vinaigre, de petit lait & des bains, *ſa ſanté s'eſt parfaitement rétablie. Signé*, à Paris le 20 Août 1784.

Mlle. le PRINCE.

Déclare que depuis neuf mois elle éprouvait une oppreſſion & une toux conſidérable : on la traitait comme aſthmatique.

Elle eſt venue chez M. Deslon il y a un an.

Elle n'a eu ni criſe ni convulſion ; ſeulement elle ſentait, quand on la magnétiſait, l'oppreſſion augmenter.

Au printems dernier elle a joui d'une parfaite ſanté, & ſe croyant parfaitement guérie, elle a ceſſé pendant un mois environ d'aller au traitement ; mais ſes oppreſſions & ſa toux lui ayant repris, elle a pris le parti de reprendre le traitement. *Signé*, le 28 Août 1784.

M. BLANCHARD DE VILLERS.

Certifie avoir été guéri par M. Deslon, en huit jours de tems, d'une fièvre tierce qu'il portait depuis trois mois. *Billet de ſa main non ſigné.*

Son Domeſtique a été guéri de même, de pareille maladie.

Le ſieur LAMBERT, *âgé de ſoixante-un ans.*

Déclare qu'il a été attaqué d'hémorroïdes fluantes qui furent froiſſées à cheval ; que depuis 1758, il s'établit une tumeur qui venait de tems en tems à ſuppuration, des maux d'eſtomac, un mal-aiſe dans les entrailles, des douleurs dans les reins, qui montaient juſques dans les aiſſelles.

Il a été au Magnétiſme le 7 Juillet dernier.

Dans la premiere quinzaine ſes douleurs ont été plus vives, mais il a recouvré l'appétit, il jouit d'un sommeil tranquille, qui au moins depuis douze ans était interrompu par des douleurs inexprimables.

Il ne se croit pas encore guéri, il a quelques momens critiques, mais si faibles en comparaison de ce qu'il a souffert, qu'il a la plus grande espérance & confiance dans la continuation du traitement. *Signé*, le 24 Août 1784.

GABRIEL D'EFFET.

Déclare avoir eu une foulure à l'épaule droite, dont il a été dix jours sans dormir ; que le quatrieme jour de baquet, il a commencé à travailler.

Ajoute que sa femme qui avait une dartre à l'œil gauche, & n'en voyait pas clair ; depuis qu'elle va au baquet commence à voir clair & s'en trouve mieux soulagée que de tous les Médecins qu'elle a vus.

Signé, le 30 Août 1784.

P. S. S'ils ignorent de moi, ils n'ont qu'à venir aux informations des voisins, de voir dans l'état où j'étais, ne pouvant pas m'aider de mon bras du tout.

Madame LALLEMANT.

Il est certifié par son mari qu'elle a eu le bras cassé en Mars dernier ; qu'elle a été pansée par plusieurs Médecins & Chirurgiens, tant en Province qu'à Paris, sans avoir reçu beaucoup de soulagement, & que depuis qu'elle va au traitement elle se sent bien soulagée. *Signé*, le 21 Août 1784.

M. de CHAZAL.

Déclare avoir été attaqué d'un rhumatisme général accompagné de douleurs opiniâtrés, à la suite d'un voyage à Stokolm, dans l'hiver de 1782, durant lequel il fût couvert de neiges pendant quatre jours & quatre nuits.

Il est depuis six semaines au traitement.

Il a éprouvé de fréquentes évacuations, des sueurs, des coliques de trente à quarante-huit heures, des crispations aux deux nerfs sciatiques & à la moële épiniere, très-affectée.

Mais depuis quelques jours il s'est fait un assez grand changement en bien, pour espérer de ne plus éprouver les effets du rhumatisme, qui paraît avoir disparu dans la derniere colique, qu'on peut regarder comme une vigoureuse crise. *Signé*, le premier Septembre 1784.

DESANCLOS, Charon.

Déclare avoir été attaqué depuis quatre ans, de douleurs vagues de rhumatifme, qui lui ont fait fouffrir des douleurs infupportables, & l'ont empêché de travailler à fon métier.

Qu'il a été admis au traitement le 9 Août, & qu'il a déjà éprouvé que fes douleurs ont diminué de plus de moitié, & qu'il fe fert avec plus d'aifance de fes jambes & de fes bras, 28 Août 1784, fans fignature.

M. M O N I N, Officier invalide.

Déclare avoir un rhumatifme vague depuis 1762.

Être entré au traitement le 4 Mai dernier.

Y avoir éprouvé auffitôt des fenfations bienfaifantes, & vu fe diffiper en peu de tems une gêne dans la refpiration & des aigreurs.

Pour les douleurs il en a été foulagé pendant huit jours, mais il s'en trouve plus incommodé depuis le commencement de cette lune. *Signé*, le 29 Août 1784.

Le fieur L E C L E R C.

Déclare avoir eu des douleurs rhumatifmales à ne pouvoir plus fe chauffer; qu'il eft entré au traitement le 14 Avril; qu'il a fouffert davantage le premier mois, que peu à peu il a été foulagé, & actuellement qu'il ne reffent qu'une très-petite douleur de tems en tems, mais très-légere, & fe porte comme un royaume. *Signé*, le 14 Août 1784.

La Dame L A N O U E.

Déclare avoir eu d'anciennes obftructions, pour lefquelles elle avait fait inutilement tous les remedes poffibles; qu'elle a été attaquée, il y a fix mois, d'une fievre inflammatoire; qu'il lui eft furvenu une hydropifie confidérable; que pour éviter la ponction elle a employé le Magnétifme, & qu'elle y eft depuis deux mois & demi.

Elle n'a rien éprouvé de fenfible.

Cependant elle attefte avec vérité que l'inflammation a ceffé, que l'appétit & le fommeil font revenus, que les eaux ont repris leur cours, qu'elle a des felles habituelles & des fueurs, & cela fans prendre aucun remede, *Signé*, le 28 Août 1784.

Le fieur P R U V O S T,

Déclare être attaqué depuis douze à treize ans de grands maux à la tête, au dos, à la poitrine & à l'eftomac, à la fuite d'un bain pris dans une fontaine d'eau vive; qu'il eft venu au traitement le 2 Août dernier; que dès la premiere femaine il a été foulagé & a eu des évacuations.

Dans la feconde femaine, les douleurs font revenues comme dans le
principe

principe du mal, il s'est fait une évacuation au cerveau de pus & de sang. Il ressent actuellement beaucoup de soulagement. *Signé*, le 30 Août 1784.

La veuye FAUVIN.

Certifie que depuis le 22 Mai, qu'elle est venue au Magnétisme, elle s'est trouvée un peu soulagée de la vue & de grands maux de tête, ayant des cataractes sur les yeux, desquelles elle espere, par une grande assiduité, en être débarassée, à en juger par sa situation présente. *Signé*, le 2 Septembre 1784.

Le sieur LEURSON.

Déclare avoir été attaqué d'oppressions & d'embarras au foie & au poulmon, qu'il n'a été que trente jours au baquet, & qu'il se trouve très-soulagé. *Signé*, le 30 Août 1784.

Madame ALPHAND.

Certifie qu'en 1775 il lui vint une dartre au visage ; qu'après trois ans de médicamens la dartre se porta au nés, & y resta deux ans.

On la mit à une tisanne qui enleva la dartre au bout de six semaines, mais son estomac en fut si fatigué, qu'elle ne pouvait plus digérer. Elle éprouvait des maux de tête continuels, un sifflement aigu dans l'oreille ; de deux jours l'un elle avait des coliques épatiques, & ressentait une douleur au côté droit.

Elle a été au traitement le 8 Mars dernier.

Pendant six semaines elle n'a ressenti aucun effet, si ce n'est de plus violens maux de tête & des retours plus forts de coliques, il lui est survenu après des évacuations qui ont emporté tous ses maux.

Elle a quitté le traitement le 18 Juillet, s'étant dans les deux derniers mois parfaitement bien portée, & à l'instant qu'elle certifie ces faits, elle a continué à être toujours en bonne santé. *Signé*, le 16 Septembre 1784.

Le sieur SIMONNET.

Déclare avoir été atteint de serremens de poitrine, de toux & d'étouffemens presque continuels, rejettant après ses repas une partie de sa nourriture, d'insomnies & de lassitudes.

Depuis six semaines qu'il va au traitement, n'a plus de douleur à l'estomac & à la poitrine comme ci-devant, & n'a eu que trois vomissemens depuis le 3 de Juillet. *Signé*, le 28 Août 1784.

FRANÇOISE LAMOTTE, femme Richard.

Certifie avoir été au traitement de M. Deslon le 18 Mai dernier,

F

pour la guérison d'un bras dont elle ne pouvait s'aider depuis treize mois.

Elle a éprouvé, les premieres femaines, des fueurs fans autre foulagement.

Depuis ce tems & toujours elle éprouve du mieux, & fe fert préfentement de fon bras.

Elle continue d'aller au Magnétifme, & fent toujours des chaleurs & des engourdiffemens feulement à fon bras malade.

La Dame BACQUÉ, Graveufe.

Déclare avoir été attaquée d'un rhumatifme laiteux à la fuite d'une couche, il y a quatre ans; avoir été entreprife dans le bras gauche depuis le coude jufqu'au col, & au derriere de la tête, ne pouvant plus tenir fa tête fur un oreiller, ni fe fervir de fa main gauche le foir, éprouvant des douleurs continuelles, ne mangeant ni ne dormant.

Depuis fix femaines elle a reffenti des douleurs très-vives fur l'eftomac & le ventre, qui ont indiqué des obftructions.

Elle eft venue au traitement il y a trois femaines.

Elle n'a eu aucune convulfion, mais par intervalle elle éprouve au traitement & dehors, un affoupiffement profond.

L'enflure a beaucoup diminué; les douleurs ont entiérement ceffé, & puis font revenues. Elle a recouvré le fommeil & l'appétit, même l'ufage de fon bras & de l'épaule, auxquels elle n'éprouve plus que de la pefanteur. Dans ce moment, la difficulté de fe fervir de fon bras eft à peu près comme au commencement. *Signé*, le 18 Août 1784.

La Dlle. BARBIER, Brodeufe.

Eft entrée au traitement le 27 Août, avec un rhumatifme aigu, mêlé d'éréfipele au bras & à la main gauche, & tout le même côté entrepris.

Elle n'a encore rien fenti, & n'a pas eu de convulfions.

La Dlle. CHEVALIER.

Déclare avoir des étouffemens depuis quatre ans.

Être traitée depuis fix femaines, fe trouve un peu foulagée.

Dès les deux premiers jours, avoir eu des évacuations extraordinaires, qui l'ont purgée.

La Femme de Chambre de Mad. la Comteffe de Ste. SUZANNE.

Certifie être tombée malade des fatigues qu'elle avait eues auprès de Mlle. de Maffac, & avoir eu une fievre continue, une oppreffion & douleur de côté.

Elle ne fut magnétifée que le feptiéme jour, parce qu'elle n'ofait demander du fecours, ni efpérer qu'on vînt pour la traiter. Au bout de deux jours, elle eut de fortes tranfpirations, quelques garderobes, & fut guérie.

JEAN GASTAL, Garçon de Cuifine.

Déclare qu'un jour de Fête, ayant un paquet de fufées, dans la poche de fon tablier, une étincelle y pénétre & enflamme les fufées; il les ferre entre fes cuiffes pour étouffer le feu, l'explofion n'en fut que plus forte; il eut les deux cuiffes endommagées, ainfi que le bas du ventre. M. Deflon, qui affiftait à la Fête, accourt auffi-tôt & lui magnétife les cuiffes : il ne reffentit aucune douleur, & dès le lendemain il put enlever la peau, qui avait formé une croute comme fi elle eut été de quinze jours, fans la moindre cuiffon. N'ayant pas voulu fe laiffer magnétifer le bas ventre, qui n'était pas auffi endommagé, il en a fouffert pendant trois femaines. *Signé* le 20 Septembre 1784.

Le Poftillon de M. de MONCIEL.

Le Marquis de Monciel certifie qu'au mois de Janvier dernier, fon poftillon a été délivré en trois femaines de traitement, d'une fievre quarte, qui le tenoit depuis cinq mois. *Signé* le 28 Août 1784.

MAGDELON PRIN, Portiere de M. de la MELLIERE.

Déclare avoir eu une fluxion de poitrine, dont elle a été guérie par le magnétifme animal.

Ajoute qu'elle avait depuis 15 ans des tumeurs, de la groffeur d'un œuf, à la cuiffe & à la jambe, pour lefquelles elle avait fait fans fuccès tous les remedes que M. Petit lui avoit ordonnés, & plufieurs autres Médecins & Chirurgiens; qu'elle a été au traitement de M. Deflon, & qu'en deux mois & demi, elle a été guérie fans avoir eu des convulfions, mais feulement des vomiffemens & des fueurs, & fans avoir pris aucun remede; depuis ce tems, elle fe porte à merveille. *Signé* le premier Septembre.

Le nommé VERRIER, domeftique chez M. GAUTHIER, place des Victoires.

Il fut pris vivement le 12 Mai 1784, d'une fievre, avec grand mal de tête, fuppreffion d'urines, engorgement au foie & aux vifceres. Le 17, le ventre était très-enflé, le malade empirait, & était prefque fans efpérance.

M. Deflon commença ce jour-là à le traiter trois foi

les urines commencerent à venir, & l'enflure du ventre diminua. Il rendit, les jours suivans, du sang en caillots. Le 16, il a été en état d'aller à pied au traitement; à la fin de Juin, il s'est trouvé parfaitement guéri, & ne s'est ressenti d'aucune incommodité depuis cette maladie. *Signé Femme VERRIER*, le 8 Septembre 1784.

Marie-Anne *VALQUIER*, *domestique de M.* GERY.

Certifie qu'elle éprouvait depuis trois mois des maux de reins & d'estomac, qu'aucun remede de Médecins & Chirurgiens de Versailles n'avait pu guérir, & qu'elle doit à M. Deslon sa guérison parfaite par le Magnétisme animal. *Signé* le 13 Septembre 1782, *& certifié de* M. GERY.

Mlle. de *MORACIN*.

Un léger accident survenu à l'un de mes yeux, m'ayant fait imaginer que je pouvais le perdre, le tourment que j'en ai eu, a fait un mal très-réel à ma santé. J'ai suivi le Magnétisme, & dans les huit premiers jours, l'appétit, le sommeil, sont revenus; les digestions très-dérangées se sont rétablies, & l'irritation des nerfs, qui était extrême dans ce moment, (& à laquelle j'étais sujette depuis trois ans), s'est absolument calmée. La petite cause de ces incommodités n'a cependant pas cessé, quoiqu'elle disparaisse par intervalle. Depuis quatre mois que je passe tous les jours deux heures au traitement; je n'y ai éprouvé aucune espèce de sensation, quoique mon imagination aie passé successivement de la crainte au desir de ressentir des effets. Le seul que j'en aie obtenu, a été le prompt retour de ma santé. A Paris, le 11 Octobre, 1784. *Signé.*

La Femme *JAQUINOT*.

J'ai entré au baquet chez M. Deslon, dont j'en ai éprouvé bien du soulagement; j'espere par la suite que ça ira de mieux en mieux. Je suis votre très-humble servante. *Signé* ce 16 Août 1784.

M. *VARIAGE*.

J'ai commencé à aller du 10 Juin 1784, chez M. Deslon, pour une foiblesse d'estomac & mal dans tous les membres : à présent, je me trouve mieux depuis que j'y vais. *Signé.*

Mde. la Marquise de *LONGECOURT*.

A la suite de dix-huit ans de langueur, d'attaques de nerfs, de violentes douleurs de tête, fuccéderent des irruptions au vifage, des abcès dans différentes parties du corps, & un éréfipele très-violent, qui annonçant le mauvais état de mon fang, déterminerent mon Médecin à m'envoyer à Montpellier, d'où après un féjour de cinq mois, n'ayant obtenu qu'un fuccès momentané, je revins chez moi, où tous mes maux reparurent & augmenterent de jour en jour, au point de ne pouvoir plus fortir de mon lit & de mon fauteuil, ayant paffé fix années dans cet état, pendant lefquelles on m'avait reconnu deux obftructions dans le ventre, une dans l'eftomac, & un engorgement au fein, gros comme un œuf de pigeon, pour lequel on me parlait déjà d'amputation; joignant à cela la maigreur, le dépériffement & l'affaiffement inféparable d'un tel état: je me déterminai à me remettre entre les mains de M. Mefmer, le premier Mars 1781; il me donna fes foins jufqu'au premier Juillet de la même année, époque de fon départ pour Spa. M. Deflon voulut bien alors continuer ce que M. Mefmer avait fi heureufement commencé, & à la fin du mois de Novembre fuivant, je fuis revenue dans ma patrie, guérie de tous mes maux, après avait fait conftater, par un des plus habiles Médecins anatomiftes de Paris, qu'il ne me reftait plus aucun veftige d'engorgement: depuis ce moment, ma fanté fe foutient parfaitement; j'ai pris beaucoup d'embonpoint, & tout annonce en moi le meilleur état, n'ayant trouvé aucun foulagement dans les fecours de la médecine ordinaire. Je ne puis attribuer un fi heureux changement qu'au Magnétifme animal & aux foins fucceffifs de Meffieurs Mefmer & Deflon; je regarde comme facré de leur en rendre un hommage public, & je me fais gloire de le remplir. *Signé.*

M. La B O I S S E L I E R E , Capitaine à l'Hôtel des Invalides.

Depuis douze ans éprouvait un étranglement à la gorge, qui l'empêchait fouvent d'avaler & même de refpirer: il rendait continuellement des rots, avait une falivation continuelle; il a épuifé une foule de remedes: il eft entré chez M. Deflon le 10 Juillet dernier. Il ne reffent pas la millieme partie de fes infirmités, & ne donnerait pas la fanté dont il jouit, pour l'univers entier: n'a eu ni crifes ni convulfions, n'a rien fenti fous l'impreffion de la main; a eu feulement deux légeres fecouffes ou frémiffemens intérieurs, en faifant la chaîne. *Signé* ce 28 Août 1784.

TROISIEME CLASSE.

Malades qui ont éprouvé des effets sensibles du Magnétisme.

M. le Prince DE BEAUFREMONT.

A la suite d'une longue maladie, il m'était resté une douleur fixe & continuelle le long des côtes qui a résisté constamment à tous les remedes de la médecine. Depuis que je vais chez M. Deslon, cette douleur a souvent changé de place, & a sensiblement diminué : je n'ai point pris de crême de tartre ; je n'ai point éprouvé de crises, quoique je l'eusse desiré pour savoir ce que c'est, & que ce fut, dit-on, une disposition pour en avoir. J'ai quelquefois dormi au baquet, mais toujours lorsqu'on me magnétisait : j'étais cependant alors plus dissipé par la conversation du Médecin, ma surdité m'empêchant de prendre part à celle des autres.

J'ai souvent ressenti beaucoup de chaleur aux oreilles, & une espece de tintement : jusques-là le Magnétisme n'avait agi sur moi que d'une maniere presqu'insensible ; mais j'ai enfin éprouvé un effet aussi salutaire que prompt & incontestable. Je m'étais donné une entorse, le lendemain encore l'enflûre & la douleur étaient considérables lorsque je fus chez M. Deslon avec ma pantoufle, ne pouvant mettre un soulier : M. Bienaymé me fit mettre mon pied sur le sien pendant une demi-heure, & malgré son soulier & ma pantoufle, j'ai senti une chaleur assez forte à la plante du pied, & du chatouillement ; la douleur & l'enflure cesserent au point que je pus marcher & chausser mon soulier comme à l'ordinaire.

Voilà l'exacte vérité des sensations que j'ai éprouvées, & dont je ne cherche pas à approfondir la cause. Je puis assurer que depuis que je suis le traitement de M. Deslon, je ne me suis jamais porté plus parfaitement. *Signé*, à Paris ce 26 Août,

M. le Marquis DE ROCHEGUDE.

Je soussigné, certifie que M. Deslon est mon Médecin depuis quinze ans ; que le 22 Janvier 1782, je fus frappé d'une attaque de nerfs qui affoiblit tout le côté gauche, sur-tout le bras dont je ne pouvais me servir, M. Deslon fit appeller M. Mesmer, je fus saigné & ensuite magnétisé alternativement par eux pendant vingt-quatre heures, au bout desquelles la paralyfie fut entiérement diffipée. — Au mois de Janvier 1783, j'eus un reffentiment de la même incommodité qui fut diffipée fans faignée, par quelques jours de traitement magnétique, fait par M. Deflon ; enfin cette année, le 2 Avril, ayant été beaucoup plus griévement attaqué, quatre mois de traitement chez M. Deflon m'ont rendu la fanté, j'ai recouvert l'appétit, le fommeil, mes forces, & dans le moment préfent, il ne me refte qu'une legere difficulté à parler.

Les crifes que j'ai éprouvées dans les différens traitemens, ont été de la chaleur, de l'affoupiffement & des évacuations abondantes par les crachats.

A Ecly ce 8 Septembre 1784. J'approuve l'écriture,

Signé, ROCHEGUDE.

Et plus bas eſt écrit :

Je déclare avoir été témoin de la vérité des faits énoncés ci-deffus.

Signé, la Marquife DE ROCHEGUDE.

LETTRE de M. DE LA VAULTIERE, Commandant des Gardes de la Marine à Breſt, à M. de DAMPIERE.

De Breſt, 6 Septembre 1784.

Il en coûte infiniment, Monfieur, à ma façon de penfer, de déférer à ce qu'exige de moi la Société qui vous a chargé de me faire l'honneur de m'écrire, puifque ma réponfe court les rifques de la publicité. Cependant je me rends par égards & par réfpect pour ladite Société, par celui que j'ai pour la vérité, autant encore par reconnoiffance pour MM. Deflon & Bienaymé, aux foins defquels j'avais cru jufqu'ici devoir mon exiftence & ma fanté. Il me feroit affreux d'imaginer, quelqu'attention que vous ayez de ne me rien dire d'eux, qu'ils puffent croire que par foibleffe ou par infouciance, je répugne à une déclaration qui peut influer fur la juftice qui leur eft dûe. Je cede, dis-je, à ces motifs réunis, & vais la donner auffi breve que je pourrai. La Société en fera l'ufage qui lui conviendra.

Au mois d'Avril 1783, je fus attaqué d'une maladie à la veffie ; elle fut auffi vive que dangéreufe. Je crois inutile d'entrer ici dans le détail de fes caufes : les Gens de l'Art pourront s'adreffer à M. Deflon pour les connaître. J'eus à l'inftant tous les fecours de la Médecine : les bains, les cataplafmes, les fomentations, la fonde, tout fut employé fans fuccès : mon Chirurgien, voyant mon état devenu de plus en plus férieux, en appella bientôt deux autres. Je fus encore vifité, fondé par eux, & toujours inutilement. La fievre augmentait, le bas ventre menaçait d'inflammation : on eut recours à de larges faignées, on n'obtint de relâchement que cinq heures après m'avoir tiré quinze ou feize onces de fang, & après trente heures de fouffrances continuelles & inexprimables.

Dès cette premiere épreuve, je m'interdis l'ufage du vin, du caffé, des épices ; & même du fel dans mes alimens ; je me prefcrivis le régime le plus auftere : je fis fcrupuleufement les remedes fimples qu'on m'avait ordonnés ; & je paffais plus d'une heure chaque jour dans le bain ; cela ne m'empêcha pas jufques & compris Novembre dernier, d'être attaqué réguliérement à la fin de chaque mois auffi férieufement que la premiere fois, fans que le mal ait jamais cédé à d'autres remedes qu'aux faignées : je l'avais été vingt-deux fois, lorfque je partis de Breft fur le confeil des Chirurgiens qui me foignaient, & de deux Médecins éclairés. Je me trouvai au baquet de M. Deflon le 26 Décembre, époque à peu-près à laquelle je me préparais à un neuvieme accident. Je n'en éprouvai pas, & j'étois fort incertain fur la caufe de cet heureux changement. Je fuivis affidûment ce traitement fans éprouver d'autres fenfations que le frottement de la main du Médecin ; après un mois je rendis, une nuit, abondamment, des glaires, des fables, & même du fang mâché, fans douleur prefqu'aucune, & cette évacuation devint journaliere en moindre quantité.

Au bout de fix femaines, pendant une converfation fort intéreffante, & abfolument étrangere au Magnétifme, M. Deflon ayant porté fur mes reins fa main qu'il promenait depuis un certain tems fur mon côté, je reffentis une chaleur extraordinaire : je le priai de me permettre que je priffe cette même main ; elle me parut très-froide, je la fis toucher à mon voifin, il la trouva telle. On continua de me magnétifer, & moi d'éprouver la même chaleur. Peu de tems après cette époque, les évacuations abondantes s'établirent périodiquement comme les accidens de la maladie. J'ai continué d'aller au traitement jufqu'au 10 de Mai dernier, que je fuis parti, pour reprendre mon fervice de Paris La route m'avait fort échauffé ; un repos de quinze jours, ne m'avoit pas encore empêché d'avoir quelques inquiétudes ; je me fuis remis à l'ufage du magnétifme animal. Il s'eft fait une petite fecrétion : j'ai continué & je jouis de la meilleure fanté après fix ans d'incommodités de toute efpece.

Vous obferverez, Monfieur, que pendant tout le traitement de M. Deflon, je n'ai fait aucun remede, & que je n'ai pris qu'une feule fois de la crème de tartre, parce qu'il m'a paru qu'elle m'agaçait les

---

(1) C'eft ainfi que tous les Certificats ont été ou donnés ou demandés, fans aufin autre impulfion que celle du defir de rendre hommage à la vérité.

nerfs ;

nerfs ; j'ai pris cinq bains, mais ce n'a été que dans les trois dernieres semaines de mon séjour à Paris. Je n'ai jamais connu l'état de crise : si c'eſt à mon imagination que je dois ma ſanté, je ne rougirai pas d'en convenir ; & ſi on me le prouvait, malgré les expériences que nous en avons vu faire ici ſur des payſans ivres - morts, couchés dans les grands chemins, malgré la cure d'un enfant de trois ou quatre ans, dont le bras brûlé, dépouillé depuis le coude juſqu'aux bouts des doigts, a guéri ſous mes yeux en moins de trois ſemaines, ſans autre remede que le moyen de M. Deſlon, je conviendrai de même que cette découverte n'eſt pas moins heureuſe que celle du magnétiſme animal ou d'un fluide prétendu tel ; ſon auteur me paroîtroit bien au-deſſus de M. Meſmer, & je trouverois même tout ſimple que ſon opinion enchaînât celle de trois cens Médecins, la plupart gens de mérite, comme celle d'un millier de malades, qui croyant devoir la vie & la ſanté au magnétiſme animal, n'en ſeroient redevables qu'au travail de leur imagination.

J'ai l'honneur d'être, &c.

M. le Comte DE MIROMESNIL.

Déclare avoir eu la poitrine preſque toujours affectée depuis une fluxion de poitrine ſuivie d'un dépôt en 1747 ; qu'à cette infirmité ſe joignit, il y a dix ans, un épaiſſiſſement de limphe qui affecta le pied droit juſqu'au gros de la cuiſſe, & affoiblit inſenſiblement toute la partie droite du corps : le genou droit était beaucoup plus gros que l'autre.

En Mars dernier, il a été traité par le Magnétiſme. Depuis ce tems-là il a eu la reſpiration plus libre ; il s'eſt établi une expectoration facile & conſidérable ; il ſe ſert avec plus de facilité de ſa jambe, ſans pourtant qu'elle ſoit plus ſenſible.

Il n'a point pris de crême de tartre, & tous les effets qu'il a reſſentis ont été la chaleur & le ſommeil. Signé, le 4 Septembre 1784.

M. le Marquis DE CHATEAURENAUD.

Déclare qu'étant magnétiſé par un Médecin, ſans l'appercevoir, il a ſenti ſa tête priſe, & eſt tombé en défaillance. Signé.

Madame D'ALENÇON.

La ſouſſignée Dame d'Alençon, d'une conſtitution ſaine, mais très-délicate, a éprouvé pendant le cours de ſa vie, pluſieurs maladies graves dont les Médecins ont cru trouver le principe dans une humeur rhumatiſmale ou goutteuſe qu'on apporte quelquefois en naiſſant &

G

que les années, & sur-tout les chagrins, rendent toujours plus fâcheuse. En dernier lieu, le 22 Décembre 1783, cette même humeur, assoupie depuis quelque temps, se manifesta de nouveau par une douleur très-vive dans tout le côté droit de la tête, & jusqu'à la tempe, une fievre très-forte, & de suite une inflammation très-considérable à l'œil droit, où l'humeur se porta avec violence. Heureusement ce dépôt ne se résolut point en matiere, mais il forma une ophtalmie bien caractérisée, & un engorgement dans les vaisseaux limphatiques, un épaississement dans la cornée qui ne laissait voir les objets que comme à travers une gaze.

On parvint au bout de dix jours à faire céder la fievre ; mais l'œil n'éprouvait aucune amélioration ; d'ailleurs, la malade se sentait dans un état de foiblesse & de dépérissement inquiétans.

Quatre mois s'étant écoulés, à peu-près dans la même situation, la Dame d'Alençon se détermina à essayer si le Magnétisme lui seroit salutaire ; & après avoir consulté M. Deslon, elle arriva au baquet le 22 Avril de cette présente année.

Elle ne tarda pas à éprouver non pas des crises de convulsions, mais des effets plus doux quoique très-sensibles.

D'abord au bout de peu de jours elle se sentit ranimée & moins foible : chaque fois qu'elle étoit magnétisée elle éprouvoit (très-réellement) une sorte de fermentation générale dans toute l'habitude du corps qui lui démontrait le mouvement que le magnétisme donne aux humeurs, ensuite une chaleur bienfaisante, dont on ne peut avoir d'idée qu'après l'avoir sentie : bientôt après, elle eut des évacuations bilieuses, des transpirations, toutes les nuits, (quoique la saison fût fraîche) des expectorations, des boutons en grand nombre, & sur-tout à toute la jambe droite ; des sérosités au bout des doigts, qui les dépouillerent jusqu'à la seconde phalange. Enfin, tout prouvoit que l'humeur divisée & séparée du sang, (par le magnétisme), cherchoit à s'échapper par toutes les voies que la nature pouvoit lui fournir ; ce qu'on appelle *travail* ou *crise*. L'humeur lui occasionna pendant douze jours une fievre assez forte, avec redoublement & des évacuations encore plus considérables qu'auparavant.

De tout ce désordre apparent, il en est résulté, que l'œil n'est plus ni rouge ni enflammé ; il reste seulement encore un peu d'opacité dans la cornée : que les forces sont revenues, ainsi que l'appétit ; que le sommeil est excellent, ce qui n'existoit pas depuis bien des années ; & qu'il est démontré, que si la santé de la Dame d'Alençon n'étoit pas aussi anciennement altérée, elle seroit actuellement parfaitement guérie.

La dame d'Alençon déclare & certifie, que ce présent récit, fait par elle, est exact & véritable, & pas du tout dicté par l'*imagination*. En foi de quoi elle l'a *signé*.

Mde. *PARCEVAL*, veuve du Fermier-Général.

J'ai été attaqué d'une douleur de rhumatisme au bras gauche, à la fin du mois de Septembre de l'année 1783 : elle fit beaucoup de progrès dans le courant d'Octobre & au mois de Novembre, je cessai totalement de pouvoir m'aider de ce bras. En ne remuant pas, je ne sentois point de mal ; mais lorsque je voulois essayer le plus petit mouvement ou que quelqu'un me touchoit par hasard, j'éprouvois de vives douleurs ; cet état a continué sans adoucissement jusqu'au mois de Mars. Trop occupée à donner des soins à une personne qui m'étoit bien chere, je n'ai fait aucun remede pendant tout l'hiver, si ce n'est de porter des manches de flanelle, & de tenir ce bras le plus chaudement qu'il m'étoit possible.

Le 8 Mars, sans nul dessein, & même sans nulle confiance, il se présenta une occasion dont mes enfans me solliciterent avec tant d'instance de profiter, que je me déterminai par pure complaisance à essayer du Magnétisme ; la séance fut de dix minutes pendant lesquelles je sentis une petite chaleur & un peu d'engourdissement dans les doigts ; on me dit de remuer les bras, je n'osois l'essayer, craignant les douleurs aiguës que j'éprouvois ordinairement à ces sortes de tentatives ; je m'y déterminai cependant, & fis de suite & sans souffrance tous les mouvemens qui m'étoient interdits depuis cinq mois : il me restoit encore une douleur très-supportable à l'articulation de l'épaule, lorsque je levois le bras à une certaine hauteur. Je restai d'autant plus étonnée, que j'avois fait l'expérience ce jour-là même que le moindre mouvement me causoit de grandes souffrances. Dès le soir, je me deshabillai, comme tout le monde, & me coëffai de nuit moi-même, ce qui ne m'étoit pas arrivé depuis le mois de Novembre ; la petite douleur qui me restoit à l'épaule, fut totalement dissipée en deux séances, d'où il résulte que j'ai été guérie en trois séances de huit à dix minutes chacune. *Signé*. A Surenne, ce 22 Septembre 1784.

M. *CHAUVET*, Prêtre.

Dans le courant du mois d'Avril 1778, je fus attaqué d'un violent rhumatisme qui me retint au lit pendant trois mois, & qui m'ôtoit l'usage de tous les membres. Depuis cette époque, je n'avois jamais passé trois mois de suite sans ressentir quelque douleur dans l'un ou dans l'autre bras, souvent même assez vive pour m'empêcher de le remuer. L'année derniere, au mois de Septembre, me trouvant dans le même cas, des personnes de considération chez qui M. Deslon étoit venu de Paris pour magnétiser une paralytique, me presserent beaucoup de profiter de l'occasion pour me faire magnétiser aussi ; je me rendis à leurs instances ; & j'avoue, n'en déplaise à M. Deslon, que je

G ij

ne pus m'empêcher de le traiter intérieurement de Charlatan, en le voyant diriger l'index contre mon bras, & approcher son pied du mien; mais deux minutes suffirent pour me faire revenir sur le compte de ce Médecin & de son agent; car il ne m'eut pas plutôt appliqué la paulme de la main sur l'omoplate, qu'il s'établit dans moi de la tête aux pieds, & seulement dans la partie gauche du corps où j'éprouvois la douleur, une *sueur si abondante* que j'en avois la chemise collée sur la peau, & que tous ceux qui étoient présens en voyoient les gouttes me rouler sur le visage: le moment d'après, *je me sentis parfaitement guéri, & depuis lors je ne sais plus ce que c'est que rhumatisme. Signé.* A Surenne le 22 Septembre 1784.

Madame C A N E T.

Déclare avoir été attaquée de maux de nerfs. Elle n'a jamais eu de convulsions au traitement, mais elle a éprouvé plusieurs effets très-perceptibles aux sens, tels que des évacuations, des sueurs & quelquefois des assoupissemens. *Signé.*

M. B E A U J E A R D, *Fermier-général des Etats de Bretagne.*

Nous soussignés, certifions que Mlle. de Segrai, âgée de 15 ans, est tombée malade à Antony le 12 Juin 1784, à la suite d'un assez long voyage: nous appellâmes M. Brador, très-habile Chirurgien, qui reconnut que la maladie principale étoit une fievre ardente, dont les symptômes étoient alarmans, & soupçonna une complication vermineuse; il traita la maladie pendant quelques jours, déclara qu'il ne pouvoit répondre des suites, & qu'il falloit demander un conseil. Nous nous décidâmes alors à avoir recours à M. Deslon, qui pria un Médecin de suivre cette maladie: il se rendit en conséquence à Antony le huitième jour de la maladie, & trouva la malade dans l'état suivant. La fievre étoit très-vive, le pouls serré & concentré, la peau brûlante, le ventre sensible; le délire étoit constant, la toux très-fréquente & séche, les urines passoient peu. Malgré la gravité de ces symptômes, le Médecin voulut bien se charger de la malade, il lui prescrivit des boissons acidules, des lavemens avec le vinaigre, & la traita suivant ses principes par contact dessus les couvertures pendant quelques moments, ensuite à distance de 5 à 6 pouces; & lorsqu'il dirigeoit son doigt derrière la tête sans y toucher & sans pouvoir être apperçu, la malade *faisoit des mouvemens involontaires, & cherchoit machinalement à écarter ou à saisir ce qui l'affectoit.* Le surlendemain qu'elle fut soumise au traitement, la malade rendit des vers; mais bien loin que cette évacuation produisît une diminution dans les accidens, ils semblerent augmenter jusqu'au quatorzième de la maladie, qu'on annonça.

fur le foir au Médecin, que le lavement avoit procuré trois à quatre boules de matiere formée. Le Médecin en conçut les plus grandes efpérances pour le rétabliffement de la malade : effectivement à dater de ce jour, les fymptômes diminuerent par degrés, les bains favoriferent le relâchement, quelques verres d'eau de fedlitz augmenterent les felles & concouturent à dégager les premieres voies.

Pendant la convalefcence, Mlle de Segray, a eu un furon deffous le bras qui a bien fuppuré; elle fe porte actuellement très - bien. *Signé*. A Paris, ce 27 Septembre 1784.

M. GERBIER, *Avocat.*

Certifie qu'ayant été empoifonné en 1772, & épuifé par 35 années du travail le plus pénible, il étoit depuis dix ans fujet à des catarres qui refiftoient pendant des mois entiers à tous les remedes, & qui même en 1781 & 1782 firent craindre pour fa vie; fon eftomac ne digéroit qu'avec peine les végétaux auxquels il étoit réduit pour toute nourriture; il avoit les nerfs dans le plus trifte état. Les aimans de M. l'Abbé le Noble avoient pendant quelque tems calmé les fenfations douloureufes qu'il y reffentoit; mais ce calme ne s'étoit foutenu que pendant environ un an.

Tel étoit fon état, lorfque fa fille commença à la fin d'Août 1782, à effayer du Magnétifme. Il ne fe rendit avec elle chez M. Deslon, que pour l'accompagner, & la fecourir dans les crifes qu'on affuroit qu'elle éprouveroit, & il étoit bien loin d'imaginer que ce traitement pût lui fervir auffi de remede contre un état qu'il ne regardoit lui-même que comme une caducité anticipée. Auffi n'eut-il pas même la penfée pendant ces quinze premiers jours de fe mettre au traitement. Mais ayant éprouvé au bout de ce tems, un bien-être extraordinaire, il fe détermina à fe mettre à la *chaîne* comme les autres & à effayer de l'action qu'auroit fur lui le Magnétifme.

Si fon imagination avoit pu lui faire quelqu'illufion, ç'auroit dû être dans ces premiers momens où les fens frappés par des objets nouveaux, agiffent fur nous plus vivement, & où l'homme le plus calme peut aifément fe laiffer émouvoir par des objets extraordinaires, & plus encore par l'efpérance fi féduifante de recouvrer la fanté. Mais fix mois entiers s'écoulerent fans qu'il s'apperçut de la préfence ou du fentiment du fluide magnétique. Tout ce qu'il éprouva fenfiblement & très-promptement, fut une amélioration incroyable dans fa fanté. Il ne fentoit prefque plus fes nerfs; fes digeftions devinrent fi faciles, qu'il fe permit l'ufage de toutes les viandes & même des plus indigeftes. Le vin ceffa de l'incommoder : il n'éprouva plus ces péfanteurs, ce mal-aife, cet engourdiffement, qui étoient devenus prefqu'habituels chez lui.

Au bout de quelques tems, fon état changea, il perdit fon appétit, & il fut moins content de fa fanté ; mais la révolution qu'il éprouva, le tranquillifa bientôt fur ce changement. Il commençoit à fentir l'impreffion de l'agent. C'étoit uné efpèce d'yvreffe qu'il lui caufoit, fes nerfs étoient doucement émus toutes les fois qu'on le magnétifoit. Il lui arriva même à ce fujet, de faire en préfence de M. LEVACHIER, premier Médecin de Corfe, qui venoit depuis quelques tems à la falle du traitement, un effai qui convainquit ce Médecin & tous ceux qui en furent témoins avec lui, de l'effet fenfible & palpable du Magnétifme animal fur lui.

A la fuite de ces fenfations, les évacuations s'établirent. Le fouffigné prenoit tous les jours deux ou trois verres de crême de tartre. La fonte fut peut-être l'effet de cette infufion ; cependant il doit dire, pour être fidele en tout, que depuis 1772, dix fois M. Tronchin l'avoit mis à l'ufage habituel de cette boiffon, & que jamais elle ne l'avoit purgé.

Ce fut auffi à cette époque qu'il commença à connoître la caufe de fes infirmités. Il avoit des obftructions aux hypocondres. La main des Médecins & Chirurgiens qui l'en foupçonnoient attaqué, n'avoit jamais pu les découvrir ; jamais non plus il n'avoit reffenti de douleur dans cette partie. Mais depuis que le Magnétifme a agi plus fortement fur lui, il a commencé à éprouver au côté gauche de la région épigaftrique, une affection douloureufe toutes les fois qu'on le magnétifoit.

C'eft d'après ces différens effets, qu'il s'eft cru fondé à croire à la *réalité* & à *l'utilité* de cet agent. Il lui doit, de n'avoir plus de douleur de nerfs, de digérer très-bien toutes fortes d'alimens, fans éprouver cette péfanteur, cet affaiffement qui accompagnoit ci-devant toutes fes digeftions, de n'avoir pas eu la plus légere maladie depuis deux ans, malgré la continuité de fes travaux, malgré les rigueurs de l'hyver. Deux fois fes catarres, ci-devant habituels, ont voulu reparoître, & quelques jours de Magnétifme ont diffipé cette humeur, que des mois entiers & tous les fondans poffibles ne pouvoient calmer.

Voilà la vérité qu'il attefte à l'acquit de fa confcience, & pour le bien de fes concitóyens *Signé* le premier Septembre 1784.

M. *ROBERT*, *Profeffeur de l'Ecole Royale Militaire*.

Je fouffigné, déclare qu'il y a deux mois que je vais au traitement public de M. Deslon, & que pendant ce tems, j'ai affez vu, pour qu'il ne me foit pas permis de douter de l'exiftence du Magnétifme animal ; je n'ai pas été fufceptible de crife, mais j'ai éprouvé ce que MM. les Commiffaires appellent des marques *fugitives* de l'exiftence du Magnétifme animal, & qui, felon eux, ne prouvent abfolument rien ; des accès de chaleur & de froid chaque fois qu'on m'a magnétifé ; & il y a environ quinze jours que M. de Juffieu, Commiffaire de la part de la Société Royale de Médecine, m'a magnétifé ; il faifoit très-froid ce jour là, pour la faifon, il y avoit très-peu de monde dans la falle, & perfonne en crife ; je faifois la converfation avec deux perfonnes qui étoient à côté de moi : & comme je n'avois rien éprouvé au traitement qui eût mis mon imagination en train, je faifois peu d'attention à M. de Juffieu, qui me magnétifoit pour la premiere fois, dont je n'avois pas l'honneur d'être connu. Malgré toutes ces circonftances, au bout de trois ou quatre minutes, j'étois en nage, je fuois à groffes gouttes, & M. de Juffieu, qui ne m'avoit prefque pas touché, parla à un Médecin qui étoit près de lui, pour lui faire voir, à ce que je crois, l'effet qu'il venoit de produire. Si on dit que cela vient de l'imagination, il n'y a rien de pofitif dans ce monde, l'exiftence même eft problématique, & le doute devient la mefure de tout. D'ailleurs, où étoit mon imagination pendant les premiéres fix femaines que j'étois magnétifé conftamment tous les jours ? Je déclare donc, que nier l'exiftence du Magnétifme animal, & attribuer les effets qu'il produit à l'imagination, feroit pour moi mettre mon imagination à la place de mes fens & de mes fenfations, & récufer le témoignage des feuls moyens sûrs que Dieu a donné à tous les hommes pour diftinguer ce qui eft, d'avec ce qui n'eft pas, & fans lefquels la raifon même ne fignifieroit rien pour nous. Je déclare de plus, que je crois que le baquet, que l'on voit chez M. Deslon, ne peut être regardé dans *un fiecle éclairé*, ni même dans un fiecle d'ignorance, comme un *objet impofant*, à moins qu'on n'ait l'imagination frappée comme Don Quichotte, qui ne voyoit dans les objets les plus paifibles de la nature, que des Géants & des Enchanteurs. *Signé* à l'Hôtel de l'Ecole Royale Militaire, ce premier Septembre 1784.

M. PINOREL, *Médecin.*

Déclare que le 15 Septembre 1783, il eut une fievre quarte dont les accès étoient de 12, 18 à 24 heures ; qu'après des purgations très-douces, il eut une diarrhée diffentérique : que les coliques & les épreintes qui durerent 12 jours, le jetterent dans un anéantiffement affreux, fans apporter aucun changement au caractere & à l'intenfité de la fievre, qu'elle prit après tous les caractères, fans en garder aucun réellement, qu'une angine catarrale fe joignit à ce fâcheux mal, & qu'il fe vit pendant fix femaines à deux doigts de fa perte ; qu'échappé à ce danger, il se vit de nouveau en proie à une fievre erratique, qui sembloit ne le quitter quelquefois un instant, une heure, quelques jours, que pour lui faire éprouver dans les intervalles, les douleurs les plus cruelles de la tête aux pieds; qu'enfin, il passa tout l'hiver dans cette fâcheuse situation.

Que le 19 Avril, il arriva à Paris avec la fievre, que le même jour il fut magnétisé par M. de la Fisse; qu'il éprouva alternativement du chaud & du froid, des soubressauts dans les tendons, effets qui lui enleverent sans retour une douleur sourde & souvent pongitive, qui se promenoit de la partie moyenne du sternum au cartilage xiphoïde, & vice versâ.

Le 27, il vint chez M. Deslon au traitement. Le premier & le second jour, il n'eut pas d'effets sensibles; le troisième jour, les évacuations s'annoncerent; du quatre au cinquieme, il eut, comme on lui avoit prédit, un accès de fievre très fort; le sept & le dix furent plus violents, des sueurs considérables succéderent à ces accès pendant 5 à 6 jours & la nuit seulement. Dès ce moment, il a vaqué à ses affaires. Le gonflement des hypocondres, l'oppression, les palpitations ont cédé par degrés aux évacuations continuelles. A l'instant où il écrit, il a repris sa premiere vigueur, & va d'un pas sûr à la meilleure santé. Il ne lui reste que très-peu d'empâtement à la rate, que le traitement du Magnétisme dissipera entiérement avant son départ fixé à huit jours.

Ma juste reconnoissance pour M. Deslon, notre maître, M. de la Fisse, & tous ces Messieurs, sera éternelle. Je ne cesserai de publier, avec autant de courage que de vérité, que je dois la vie à leurs généreux soins, & au Magnétisme animal. *Signé.* A Paris, ce 9 Juin 1784.

M. DURAND, Oculiste & Chirurgien de Mgr. le Duc d'Orléans.

Déclare, qu'étant malade depuis dix ans, au point d'avoir perdu son état depuis six, ayant un asthme convulsif avec des oppressions étonnantes, accompagnées de douleurs de rhumatisme dans toute l'extrémité inférieure gauche; les pieds & les jambes enflés, ayant eu dans les deux dernieres années trois crachements de sang, pour lesquels il fut saigné 15 fois du bras, il est entré au traitement le 15 Mars dernier; il y a été six semaines sans éprouver aucun effet sensible, sinon du mieux être. Au bout de ce tems, toutes les fois qu'on le touchoit, il a eu des oppressions considérables. De jour en jour, il éprouva un mieux très-marqué; il monte à des quatriemes étages sans oppression & sans se reposer. Il ne demande rien davantage, puisque, grace à Dieu, il peut faire à présent son état. *Signé* sans date.

M.

M. de ROSSI.

À la fin de 1779, & au commencement de 1780, il me survint un accident très-fâcheux & très-inquiétant, dont tous les symptômes furent vus & observés par 50 personnes de ma connoissance d'une tête froide, d'un œil clair-voyant, & d'une autorité respectable; il fallait pour aider à la guérison de mon mal, d'après les rapports connus entre les facultés morales & les facultés physiques, dont la théorie m'est très-présente; il fallait, dis-je, une imagination riante, des souvenirs heureux, des présomptions flatteuses, une espérance facile, une crédulité étendue, des conceptions gaies, des idées couleur de rose. Malheureusement pour moi, je suis né dans un si bon tems & parmi de si braves gens, au milieu desquels la vérité, la vertu, le mérite, la raison, la justice sont si bien placés, qui examinent si scrupuleusement, qui jugent si sainement, qui prononcent si modestement, qui distribuent les honneurs, les graces, les fortunes, les distinctions, les réputations si équitablement, qui s'embarrassent si fort de l'intérêt d'autrui & si peu du leur, que mon imagination a toutes les qualités opposées à celles qui m'eussent été favorables: conceptions tristes, idées noires, souvenirs affligeans, présomptions décourageuses, incrédulités sans bornes sur tout ce qu'on me promet d'heureux, fort peu d'espoir du bien, & attente d'un plus grand mal; enfin, pour tout dire en un seul mot, les sentimens qui doivent naître nécessairement du tableau fidele de ce qui se passe autour de nous en tout genre. Voilà quelles sont habituellement & quelles furent alors mes dispositions morales. Voilà quel était l'état de l'imagination. Cependant entrepris par M. Mesmer, je fus parfaitement guéri en 15 jours, & je n'eus point de crises, l'on *ne pressa point mes hypocondres*, & l'on *ne tourmenta point ma région épigastrique & mon colon*; l'on comprima point par *des frottements les téguments de cet intestin très-irritable*; & je ne sentis ni froid ni chaud, & je ne m'apperçus en rien de l'action de cet agent, malgré la plus grande attention de ma part pour l'appercevoir. Je continuai plus d'un mois à aller chez M. Mesmer, à peu-près huit heures par jour, pendant lesquelles je tenais toutes mes facultés comme suspendues & arrêtées, pour parvenir à éprouver d'une maniere sensible l'existence de cet agent. Je passai encore un mois entier sans y parvenir. J'en désespérais, lorsque je sentis enfin sortir de la pointe du fer immobile, & tomber de mon visage ce fluide subtil, que j'ai reconnu être parfaitement le même, depuis que je connois moi-même la théorie du Magnétisme, & que je le fais sentir aux autres ainsi qu'à moi, lorsque j'en ai envie. *Nouvelle épreuve quatre années après.* Dans les premiers mois de 1784, après la guérison de la fievre

H

miliaire de Mde. & de Mlle. de Roffi, il me prit une fievre violente ; un mal de tête affreux, & un mal de gorge cruel, qui en peu de jours dégénéra en efquinancie. Je fus pendant 150 heures, fans une feule feconde de relâche, dans les plus douloureufes fouffrances que j'aie éprouvées de ma vie, ma tête battant prefque toujours la campagne, tant que je gardais le lit, & le corps dans un fupplice continuel, telle place que j'occupaffe. C'était M. Deslon qui, en 1779, comme mon Médecin & comme mon ami, m'avait confeillé de m'adreffer à M. Mefmer, & m'avait conduit chez lui. C'était M. Deslon, & fes Eleves, qui venaient de traiter & de guérir ma femme & ma fille. Ce fut à M. Deslon à qui je m'adreffai dans cette nouvelle maladie. J'ai été magnétifé par M. Deslon & fes Eleves, & j'ai été parfaitement guéri en fix jours, fans faignée ni purgations, ni aucuns des fecours de la médecine ordinaire. Au bout de dix jours, j'ai eu affez de force pour fortir & me tranfporter au traitement. Je l'avais fuivi à peine 15 jours, que l'embonpoint, la force, les couleurs & la bonne fanté, en tout ce qui concernoit la maladie aiguë dont je venais d'être accablé, me revinrent entiérement.

En foi de quoi, je fouffigné donne le préfent certificat pour le Magnétifme & M. Mefmer, en général, fur le premier fait ; & pour le Magnétifme & M. Deslon, en particulier, fur les faits poftérieurs. *Signé.* Fait à Verfailles, ce 14 Septembre 1784.

M. l'Abbé de LOSTANDES.

Déclare, qu'attaqué de fievre putride, maligne & inflammatoire, il a été hors de tout danger en huit ou dix jours, & parfaitement guéri.

Qu'il a été magnétifé à la Communauté de St. Sulpice d'abord par M. Deslon ; qu'ayant un mal de tête affreux, M. Deslon lui mit la main fur le front, le mal de tête difparut. Il lui dit enfuite qu'il fentait des douleurs incroyables dans la poitrine nuit & jour, comme fi on le perçait avec des épingles. M. Deslon le toucha à la poitrine, le mal s'évanoüit & n'eft pas revenu. M. Deslon lui faifait, à environ 9 pouces de diftance des lignes fur le corps, où il éprouvait une forte chaleur, il en reffentait de pareilles dans l'intérieur, qui étaient froides avec la même direction & prolongation : que depuis, il a été toujours de mieux en mieux en continuant le Magnétifme, & prenant des acides pour boiffons. *Signé.*

M. l'Abbé de SALIGNY.

Déclare qu'il fouffrait beaucoup de la rate, avait des digeftions laborieufes & mauvaifes, était réduit à être prefque toujours fur fon féant dans fon lit, pour profiter du peu de fommeil qu'il prenait, & marchait difficilement.

Il a été au traitement le 19 Mars dernier.

Touché pour la premiere fois, il s'eft trouvé mal, & eft tombé en défaillance. Revenu à lui au bout de quelques minutes, il a fenti une chaleur forte dans le bras gauche & dans tout le côté. Il a toujours fenti cette chaleur dans le bras & le côté gauche, à la feule application du fer au creux de l'eftomac.

Il ne fent plus de défaillance, il dort couché & fans oreiller, il marche vîte & légérement, il a de bonnes digeftions, bon appétit, fouffre moins de la rate, mais il fent qu'elle n'eft pas encore comme elle doit être. *Signé*, le 3 Septembre 1784.

M. *l'Abbé de* CARBONNIERES.

Déclare qu'il était affecté depuis 23 ou 14 ans d'un affoupiffement continuel, qui le prenait dans tous les momens & dans toutes les circonftances, affis, debout, marchant à pied, à cheval, pendant le repas, dans les fociétés.

Que les remedes de tout genre n'ont fervi qu'à ajouter à fon premier mal, une irritation dans tout le genre nerveux, telle, que les forces lui manquaient tout-à-fait, & qu'il laiffait échapper des mains ce qu'il tenait.

Qu'il fut obligé d'abandonner fon fervice d'*Aumônier de Monfieur*, en 1783 & 1784.

Qu'il a été le 10 Août dernier au traitement de M. Deflon.

La premiere fois qu'il a été touché, il n'a éprouvé aucune fenfation, quelque attention qu'il ait faite pour s'obferver : mais, magnétifé le même jour à la tête fans être touché, il a fenti depuis les yeux juf-qu'à la nuque du col un ébranlement, un faififfement, un frémiffement, quelques douleurs légeres, & de légers étourdiffemens.

Ce qui l'a le plus étonné, c'eft que le Magnétifme s'eft fait fentir dans le poignet droit qu'il avoit en luxé en Janvier 1777, & auquel il n'avait plus reffenti de douleur depuis ce tems.

Ses affoupiffemens ne lui paraiffent pas encore diminués, mais il a moins de trifteffe & de mélancolie, fon appétit augmente, il n'a éprouvé depuis qu'il va au Magnétifme aucun des accidents nerveux qu'il éprou-vait journellement & fouvent plufieurs fois le jour, il éprouve moins d'éloignement pour la fociété & a plus de gaîté. *Signé*, le 26 Août 1784.

M. DE LANDRESSE.

Certifie qu'en 1779 *il fut attaqué d'un Rhumatifme goutteux aux ar-ticulations des cuiffes, des genoux & des pieds, que les douleurs les plus*

aiguës *le tourmenterent pendant quatre mois confécutifs.* Sur la fin de 1781,
le rhumatifme fe fit reffentir très-vivement à la tête, & après avoir fouffert
très-long-tems, l'humeur fe porta fur les yeux, *qui commençaient à fe
déplacer par le gonflement d'humeur*, lorfque M. Becquet, Profeffeur Ocu-
lifte, donna cours à cette matière par des bains de vapeur de fureau. J'évitai
la faignée, continuai les fumigations, & pris pendant 45 jours des bains
de pieds. Je ne fus pas plutôt foulagé que je reffentis des élancemens cruels
au pied droit ; à mefure que mes douleurs augmentaient, mes yeux fe
guériffaient, enfin, mon pied devint très-enflé. Dix mois s'écoulerent
fans pouvoir marcher, & fouffrant continuellement, l'on me confeilla
les aftringens, & l'enflure difparut ; mais elle fe prolongea le long de
la cuiffe, & de cette imprudence il en réfulta une goutte fciatique,
une crifpation dans les nerfs, une efquinancie, & les yeux qui retom-
berent malades. J'eus recours à l'électricité ; je fuivis, fur la fin d'Octobre,
le traitement de M. Mauduit, & après fix femaines, j'obtins plus de
forces, moins de douleur, fans avoir diminué l'humeur fixée dans les
articulations. Dans cet état, je m'en allai à la campagne, où je reftai
près de deux mois, toujours très-fouffrant ; je reffentais à chaque pas
une douleur aiguë, toutes les articulations étant obftruées, & la jambe
& la cuiffe entièrement deffechées.

Le 5 Avril fuivant de la préfente année, je me préfentai chez M. Deslon,
où dès le même jour je fus magnétifé. Je continuai quelques jours fans
rien éprouver, mes féances étant toujours de 2 heures ½. Le feptieme
jour, fans avoir rien reffenti de fenfible, je fus furpris de remarquer
mon vifage & tout le corps très-jaune, mais beaucoup plus de force,
plus de gaieté, & un appétit exceffif. Je reftai cinq ou fix jours dans
cet état, le vifage réellement changé ; peu-à-peu, je fentis mes douleurs fe diminuer, & dans moins d'un mois la fciatique difparut, &
je commençai à marcher librement, les nerfs des doigts du pied étant
cependant toujours retirés. Je continuai très-exactement ce traitement,
& journellement la même féance, fans que j'éprouvaffe aucune fenfation
jufques alors, quoique mes douleurs aient ceffé & que mes forces
augmentaient chaque jour. Sur la fin de Mai il me furvint tout-à-coup
au traitement une douleur à la tête, & le lendemain l'œil gauche enflammé ;
il ne me fut plus poffible de douter que l'humeur avait changé de place,
puifque ni la cuiffe, ni le pied n'éprouvaient de fouffrance ; mais bien
l'œil qui rendait des eaux âcres, entre-mêlées d'une matiere jaunâtre,
fur-tout lorfqu'il était magnétifé. Ce fut pour lors que l'agent fe fit
reffentir fur cette partie, & qu'à huit ou neuf pouces de diftance de
l'œil j'éprouvai des fenfations, & tous les contours d'un fer qui m'était
préfenté à l'endroit douloureux. Quelquefois c'était par un petit *picotement*
qui provoquait les larmes ; & d'autres fois par une petite chaleur douce,
qui diminuait toujours l'inflammation, & finiffait par étancher les larmes

& me rendait le calme. Je restai onze jours éprouvant chaque fois les mêmes sensations qui diminuaient insensiblement, jusqu'à ce que mon œil fut guéri. Pour lors les sensations cesserent ; le fer & même l'application des mains ne me firent rien éprouver. Pendant ce tems-là la cuisse, la jambe & le pied avaient repris de la nourriture, & j'avais acquis beaucoup de force. Enfin deux mois & demi s'écoulerent sans faire autre chose que de boire trois verres de crême de tartre tous les matins, & continuant toujours très-exactement le traitement de M. Deslon. Sur la fin de Juin dernier mon teint devint encore une fois jaunâtre, & je ne tardai pas à être attaqué tout de nouveau à l'œil ; il devint si enflammé, que je ne pus suivre le traitement, ni même supporter le jour le plus foible. Je restai trois jours sans être magnétisé : le quatrieme un Médecin vint chez moi à cet effet ; à peine pouvait-il me distinguer par l'obscurité que j'étois forcé de garder. Après m'avoir touché quelques instans sur les hypocondres & l'estomac (où je n'ai jamais rien éprouvé), il promena sa main autour de l'œil que je ne pouvais ouvrir, étant très-enflammé par l'humeur qui s'y était fixée. Petit à petit il me provoqua *une chaleur excessive* ; & je sentis mon œil un peu s'entr'ouvri. Le Médecin profita de ce moment pour me donner plus de jour dans ma chambre, & à mon grand étonnement, il parvint à faire disparaître le gonflement, provoqua l'écoulement de l'humeur par l'œil ; & dans moins de trois quarts d'heure, je l'ouvris sans peine, & supportai entiérement la lumiere. Mon œil, qui ne présentait alors que des filamens sanguineux dont il était couvert, devint blanc dans quelques endroits lorsque l'écoulement eut cessé. Enfin, au bout d'une heure je fus entiérement soulagé. Je retournai le lendemain au traitement, où j'éprouvai encore des effets plus prompts que la veille, sentant toujours le contour du fer, quoique très-éloigné de l'œil. Je fus entiérement guéri de l'œil le dix-septieme jour, & dès-lors je n'ai ressenti aucune douleur à la cuisse, mais toujours un léger embarras sous la plante du pied & des doigts, seulement lorsque je marche : insensiblement enfin, l'humeur qui était fixée aux articulations, s'est dissipée. Les doigts se sont redressés, & la circulation s'est rétablie par-tout également. Quatre mois ont suffi pour me donner une nouvelle vie : c'est ce que je certifie sur mon honneur & conscience, ainsi que de tous les effets & sensations que j'ai éprouvés par le seul secours de l'agent magnétique. Fait à Paris le 28 Août 1784. *Signé.*

M. *Faur*, *Secrétaire de M. le Duc de Fronsac, demeurant à l'Hôtel.*

Déclare qu'attaqué depuis trois ans de douleurs d'estomac & ne pouvant rien digérer à la suite de deux maladies, pendant deux ans il a essayé inutilement les secours de la Médecine ordinaire.

Est entré au traitement le 20 Mars dernier, n'a eu ni crises ni convulsions. Pendant trois mois, nulle sensation ni au baquet, ni à l'attouchement : depuis deux mois éprouve une chaleur qui se répand dans tout son corps , & une envie de dormir à laquelle il résiste difficilement : en outre a des bâillemens fréquens.

Depuis l'époque à laquelle il a commencé à sentir quelqu'effet, les digestions se font un peu mieux ; le sommeil est moins interrompu , il se sent beaucoup plus de force & d'activité, & son état actuel lui fait espérer une parfaite guérison. Ce 28 Août 1784. *Signé.*

M. *JOYAU,* *Eleve en Chirurgie , demeurant rue de Grenelle-Saint-Honoré , N°. 14.*

Avait eu trois violens accès de fievre , & sentait un gonflement & une douleur considérable à la rate.

Est venu, le 10 Juillet , au traitement , après avoir été magnétisé plusieurs fois chez lui par M. Gauthier , Chirurgien.

Depuis qu'il a été magnétisé , n'a plus eu de fievre ; n'a eu ni crises, ni convulsions , & seulement a éprouvé quelque gêne dans la respiration , sous la main de M. de Jussieu qui le touchait.

Son visage qui était jaune s'est éclairci. Il n'a plus ni douleur ni gonflement à la rate , & jouit de la meilleure santé.

Pendant les accès , n'a point pris de crême de tartre , mais seulement de l'eau magnétisée , a fait usage de la crême de tartre lorsqu'on l'a traité pour l'obstruction. *Signé.* A Paris ce 28 Août 1784.

La Dlle. GENEVOIS *, âgée de 13 ans.*

Déclare qu'elle est attaquée d'obstructions à la rate & au foie, & d'un dérangement dans la taille.

Elle est venue au traitement depuis le 13 Juillet dernier,

Dès le second jour elle a éprouvé une vive chaleur dans tout le corps , mais sans convulsions ni crises, autre qu'un assoupissement profond ; elle a de fréquentes évacuations, & elle éprouve un redressement sensible dans sa taille. *Signé* , le 28 Août.

Madame ARMAND *, Eleve Sage-femme.*

Déclare avoir eu des inflammations successives aux deux yeux ; & de petits ulcères épars sur la cornée ; qu'elle a été admise au traitement le 15 Juillet dernier ; qu'elle a éprouvé une grande chaleur & des picotemens dans les yeux, qui l'ont fait souffrir & pleurer, a été privée ensuite tout-à-fait de la vue, & obligée de se faire conduire au traitement.

Le premier Août, elle a commencé à pouvoir supporter le jour.

Le 3, elle a distingué les gros objets ; depuis ce tems , elle a été de mieux en mieux ; elle lit maintenant & écrit sans beaucoup de fatigue.

Elle éprouve toujours, lorfqu'on la magnétife, une légère augmentation de chaleur dans le corps, mais plus de picotemens aux yeux, ni de larmoiement.

Elle a pris du petit-lait & de la crême de tartre, s'eft lavé les yeux avec de l'eau magnétifée & de l'eau de fureau. *Signé* le 16 Septembre 1784.

M. *LANTOULY*, *rue de la Mortellerie.*

Déclare qu'il eft attaqué d'obftructions au foie.

Qu'il va depuis quinze jours au traitement; qu'il n'a éprouvé ni crifes ni convulfions; qu'il reffent feulement de la chaleur dans toute l'habitude du corps quand on le magnétife; & que le premier jour, il a eu un friffon du deux heures pendant le traitement. *Signé* le 28 Août.

M. LE *BOUTEILLER*, *Avocat*, *âgé de 63 ans.*

Déclare qu'il eft refté infirme à la fuite d'une maladie de poulmon; & attaqué d'un larmoiement à l'œil gauche prefque continuel; qu'il eft entré au traitement le 21 Août dernier; qu'il n'éprouve rien encore, fi ce n'eft que le larmoiement ceffe abfolument quand il eft au traitement, & recommence fitôt qu'il en fort. *Signé* le 28 Août.

La Dame POTONIER.

Déclare qu'elle eft attaquée d'une paralyfie incomplette au bras droit & à la jambe gauche.

Qu'elle eft venue au traitement du 23 Août dernier; qu'elle n'a eu ni crifes ni convulfions, mais qu'elle a éprouvé dès le deuxieme jour de la chaleur & de l'agitation dans le fang. *Signé.*

Mademoifelle G O U P I L, *âgée de dix-fept ans.*

Remplie d'obftructions dans tous les vifceres du bas-ventre, avec fievre de tems-en-tems. La nature cherche à fe développer chez elle: elle n'a que quatre pieds moins fix lignes. Elle n'a pas encore fes regles; elle fuppofe que fon état eft caufé par l'habitude où elle était de coucher avec une femme âgée & couverte d'éréfipele.

Entrée au traitement le premier Septembre 1784. Dès ce jour, fa crife a été de vouloir dormir. Le 9 fe plaint de ce qu'elle dort prefque toujours; dès le premier jour a dormi tout l'après-midi. Elle fent beaucoup de chaleur. *Signé.*

Mad. TOUTANT, *âgée de 75 ans.*

Déclare qu'ayant un violent rhumatifme goutteux, dont les douleurs

étaient presque continuelles depuis 18 ou 19 ans, une toux continuelle
& un étouffement depuis 14 ans, elle s'est rendue au traitement le
13 Août dernier. Que dès le premier jour elle a eu un petit frisson
qui durait 3 ou 4 minutes. Que le deuxieme elle a éprouvé de la
chaleur, & qu'elle la ressent ensuite toutes les fois qu'on l'a magnétise.
Que dès le quatrième jour elle a été soulagée de son oppression. Que
les douleurs de rhumatisme sont devenues plus rares & plus suppor-
tables, qu'elle marche avec plus de facilité, que son appétit est meilleur
& son sommeil moins interrompu.

*Attesté par son fils & par M. DE ROQUEFEUILLE, le 30 Août
1784.*

FRANÇOIS TABORIN.

Déclare qu'il est affligé de la vue depuis le mois de Septembre 1783;
qu'il est allé au traitement le 27 Août dernier; qu'il voit un peu plus
clair & sent de petites douleurs & chaleurs quand on le touche. *Signé*,
le 31 Août 1784.

Mlle. HUET.

Déclare avoir été attaquée d'une très-ancienne obstruction au foie,
& depuis dix ans de douleurs d'estomac & de mauvaises digestions.

Que le 12 Mai dernier elle est venue au traitement.

Qu'elle a éprouvé pendant six semaines des crises très-violentes; depuis,
son estomac est entièrement rétabli & n'a pas eu une seule indigestion.
Elle éprouve un mieux réel, ses crises sont entièrement cessées, ou,
pour mieux dire, changées en une espece d'assoupissement sans aucune
douleur. Les humeurs ont pris leur cours. Elle préfere le Magnétisme
à toutes les drogues qu'elle a été obligée de prendre.

Mde. D'ORLEANS JALABERT.

Déclare qu'ayant un engorgement squirreux à la matrice, étant souf-
frante depuis quatre ans, n'ayant pour toute espérance dans l'état de dépérissement où elle était parvenue, que de mourir bientôt, n'ayant plus
d'appétit, de digestion, de sommeil; elle s'est rendue le 16 Juin 1783
au traitement de M. Deslon. Après huit jours elle a recouvré l'appétit,
a digéré, bien dormi. Au bout d'un mois les douleurs ont disparu:
elle a eu des évacuations naturelles, elle a repris de l'embonpoint, des
couleurs: elle ne s'est jamais si bien portée.

Elle a été plus de six mois au traitement, sans éprouver d'autre sensation que des envies de dormir, un peu de tiraillement dans les bras
& la respiration plus pressée. *Signé*, sans date.

M.

M. MICHAUD, Maître en Chirurgie.

Eſt entré au traitement le 27 Juillet dernier.

Dès le premier jour, à l'attouchement a éprouvé à l'épigaſtre une douleur pareille à celle que lui auroit cauſé un poignard qu'on auroit plongé & retiré de ſon eſtomac : eut auſſi une ſueur conſidérable & des défaillances.

Cette douleur à l'épigaſtre fut continuelle pendant huit jours, hors du traitement, mais a diminué de jour en jour.

A ſenti dans les dix ou douze premiers jours, des mouvemens convulſifs dans toute l'habitude du corps.

Dans le même temps, pendant qu'on le touchoit, éprouvoit une douleur fixe & de peu d'étendue au-deſſus du ſourcil droit, laquelle repaſſoit à la même partie du côté gauche d'où elle deſcendoit à la baſe de la mâchoire inférieure du même côté oppoſé, delà alloit à la nuque, & retomboit le long des vertebres lombaires ; les effets étoient accompagnés d'une douleur extraordinaire au dos & entre les épaules, qui produiſoit une légere moëtteur. La douleur de tête ſe diſſipoit, étant touché, & il ſentoit une eſpece de fluide ſous la peau, au moment où la douleur ſe diſſipoit.

Depuis le traitement les accès décrits dans l'expoſé (1) ont ceſſé d'être périodiques, & ſe ſont éloignés à des diſtances aſſez conſidérables. Ces accès qui revenoient tous les trois jours, ne ſont revenus qu'au bout de 15 jours ; mais ils ont duré ſoixante-douze heures au lieu de vingt-quatre heures & ont augmenté d'intenſité. A eu auſſi pendant ce dernier accès de la fievre, des tintemens d'oreille, de l'obſcurciſſement dans la vue & des défaillances.

A recouvré le ſommeil, & a repris un peu d'embonpoint. *Signé*, ce 28 Août 1784.

Mlle. le PRINCE, demeurante rue Plâtriere.

Depuis neuf mois éprouvoit une oppreſſion & une toux conſidérable : on la traitoit comme aſthmatique.

Eſt venue chez M. Deſlon il y a environ un an, n'a eu ni criſes, ni convulſions ; ſeulement ſentait, quand elle était magnétiſée, une augmentation d'oppreſſions. Au printems dernier a joui d'une ſanté parfaite, & ſe croyant parfaitement guérie, a ceſſé pendant un mois environ, d'aller au traitement. Mais ſes oppreſſions & la toux l'ayant repriſe, elle a pris le parti de reprendre ce traitement. Ce 28 Août 1784. *Signé.*

---

(1) Cet *Expoſé* contient le détail de la maladie la plus extraordinaire qu'on ait jamais vue.

I

M. QUINQUET, *Membre du College de Pharmacie.*

Nota. Ce certificat avait été envoyé dans la forme fuivante aux Auteurs du Journal de Paris, qui n'ont pas cru devoir en faire mention dans leurs feuilles, parce que depuis quelque temps, les envois qu'on leur faifait relativement au Magnétifme animal, devenaient trop confidérables pour être inférés dans leur Journal.

Le dépôt des actes de bienfaifances étant inféparable de celui des actes de reconnaiffance, je vous prie, MM, de témoigner par la voie de votre journal celle dont j'ai l'honneur de vous faire dépofitaires.

Cette reconnaiffance eft fondée fur le fait fuivant.

Affecté depuis le 20 Février d'une douleur de fciatique infupportable qui ne me laiffait de repos ni jour ni nuit, défefpéré de perdre chaque jour de plus en plus la poffibilité de marcher, réduit à porter une béquille, & menacé d'une rétention d'urine, il ne me reftait plus de reffource que dans l'application du *Moxa* que me confeillait mon médecin.

Ce remede cruel me fit héfiter : je me decidai pour le traitement de M. Deflon, auquel j'entrai le 22 Mars. Ce jour là même j'éprouvai des fenfations frappantes du Magnétifme animal & fur-tout un friffonnement univerfel qui dura tous le temps que je fus magnétifé.

A commencer de cette époque les douleurs diminuerent beaucoup, le fommeil fe rétablit peu-à-peu, les urines coulerent avec moins de difficulté, & le 30 une crife bien caractérifée s'établit par les garderobes, fans le fecours d'aucun médicament.

Cette crife continua avec abondance pendant plufieurs jours ; j'éprouvai dans la fuite de la chaleur dans la région hypocondriaque, lorfque j'y appliquais fucceffivement un des conducteurs du baquet, & le médecin magnétifant femblait comme par un enchantement promener à volonté ma douleur aux endroits fur lefquels il paffait fa main bienfaifante ; les urines devinrent libres mais très-chargées ; il s'établit une tranfpiration vifqueufe, odorante & abondante, & j'ai fenti par gradation chaque jour mes maux s'évanouir au point que je fuis parvenu à pouvoir quitter la béquille le 5 de Mai.

Voilà, Meffieurs, la reconnoiffance publique que je dois à M. Deflon pour les foins qu'il fe donne avec une affiduité & une aménité qui captivent la bienveillance de tous ceux qui le connaiffent ; d'ailleurs je fuis autorifé, non feulement par les effets que j'ai éprouvés, mais auffi par ceux que je lui ai vu produire : je fuis autorifé, dis-je, à conclure que le Magnétifme animal eft un agent naturel qui ne peut être indifférent, & qui pourra devenir dans beaucoup de circonftances très favorable à la Médecine.

On fera dans la fuite encore plus redevable à M. Deflon, par le foin qu'il prend d'admettre & d'inftruire avec zele les Médecins qui fe préfentent à lui de toutes parts, pour leur communiquer avec le plus grand défintéreffement les moyens de guérir, tirés de la connoiffance qu'il a de ce nouvel agent.

Car je crois qu'il eft à défirer pour le bien de l'humanité que l'application de cet agent ne foit jamais faite que par des perfonnes qui s'occupent de l'art de guérir.

J'ai lieu d'en juger non-feulement par les effets dont j'ai été témoin & par ce que j'ai vu produire en répétant les expériences qui ont été annoncées dans les journaux fur les proptiétés du fluide électro-fulfureux, mais encore par des effets femblables que je produis avec un agent qui a beaucoup d'affinité avec l'économie animale.

Ce fujet offre un champ vafte à cultiver au philofophe à qui rien n'eft indifférent, & parmi les Anonymes critiques qui m'ont honoré de leurs avis pendant le tems de mon traitement, j'efpere qu'il y en aura plus d'un qui fe rendront aux preuves que je leur offre, & auxquelles je cede avec la franchife & la reconnaiffance que je dois à la guérifon que je viens d'éprouver.

J'ai l'honneur d'être, Monfieur, votre très-humble & obéiffant ferviteur, *QUINQUET, Membre du Collége de Pharmacie.* Ce 22 Mai 1784.

QUATRIEME CLASSE.

Malades à grandes crises ou convulsions.

Madame la Marquise DE GRASSE.

LE seul desir de rendre hommage à la vérité, m'engage à certifier l'existence du Magnétisme. J'éprouve une diminution si visible & si réelle dans mes maux, qu'il n'est pas permis de douter de la cause qui l'a opérée; j'ai fait, pendant 15 mois, différens remedes pour fondre des glandes au sein, qui me causaient beaucoup d'inquiétudes; les uns m'ont nui, & les autres n'ont eu que des effets très-lents. Le Magnétisme, dans cinq mois d'un traitement suivi avec peu d'exactitude, a fait diminuer de moitié mon incommodité; j'ai eu des crises dont je n'ai ressenti que de bons effets, j'ai même engraissé dans le moment où elles étaient les plus fortes; il serait difficile de me prouver que je ne les ai dues qu'à mon imagination; je puis certifier qu'il existe un agent que j'ai parfaitement senti, & je serai toujours prête à signer cette vérité.

A Paris, ce 8 Septembre 1784. *Signé.*

Madame la Comtesse DE LA BLACHE.

Je soussigné Beaumanoir, Comtesse de la Blache, malade depuis huit ans, & ayant eu successivement, pendant cet espace, les accidens les plus variés & les plus graves, lesquels, d'années en années, se sont augmentés au point de me réduire, au mois de Février 1782, à un état plus affreux que la mort, puisqu'à dater de cette époque, je fus 14 mois sans sortir de mon lit cinq minutes; pendant ce même tems une extinction de voix absolue, & deux ou trois fois par jour des suffocations assez fortes pour faire craindre que j'expirasse : de plus, j'avais depuis huit ans le ventre de la grosseur de celui d'une femme grosse de six mois, & depuis deux ans j'étais absolument voutée, & ne pouvant tenter de me redresser sans jetter un cri, par la douleur que cela me faisait éprouver au milieu de la poitrine; je ne fais ici le détail que des symptômes les plus apparens, & qui peuvent être attestés par toutes les personnes qui me connaissent : je fais grâce de toutes les différentes douleurs, suite nécessaire d'un état aussi affreux, auquel aucun remede n'a pu apporter le moindre soulagement, quoique j'aie fait usage de tous les moyens connus jusqu'ici, & consulté les plus habiles Médecins & Anatomistes de Paris, lesquels pour la plupart m'ont condamnée, & nommément à ma dernière consultation, au mois d'Août

1782, il fut dit, qu'à moins d'un miracle je ne devais pas vivre un mois : c'eſt à cette époque, que pour derniere reſſource, je me ſuis miſe entre les mains de M. Deſlon, bien plus par complaiſance que pouſſée par aucun eſpoir, & j'étais de la plus parfaite incrédulité au Magnétiſme animal ; mais heureuſement douée, ſans doute, d'une imagination vive & facile à exalter, (malgré l'affoibliſſement qu'aurait dû produire ſur moi une auſſi longue maladie.), dès la premiere viſite de M. Deſlon, je tombai en criſe, ſans avoir eu ni l'appareil du baquet, ni aucune convulſion pour modele, étant toute ſeule de malade & triſtement dans mon lit. J'ajouterai que mon ventre était trop dou-loureux pour ſoutenir le poids de la main, & que pendant ſix mois, je n'ai pu être traitée qu'à une diſtance plus ou moins grande. Mon imagination s'eſt conſtamment ſoutenue, ſans ces ſecours, pendant 15 mois, & je lui ai due, au bout de ſix, une expectoration très-abon-dante, qui m'a ſoulagée au point de me remettre ſur pied, de me rendre la voix, de m'ôter mes ſuffocations, & de diminuer en raiſon tous les autres accidens : mais je ne ſais par quelle fatalité, au mois de Mars dernier, mon imagination perdit ſon reſſort au point d'être trois mois ſans pouvoir obtenir une criſe, quoique je fuſſe magnétiſée dix heures par jour, & que j'euſſe à côté de moi huit à dix per-ſonnes en criſe ; ce qu'il y a de plus affreux, c'eſt que l'abſence de mon imagination penſa me coûter la vie ; M. Deſlon me répétait, pour me tranquilliſer, qu'une criſe me ſortirait de cet horrible état, mais rien ne put me tirer de cet affaiſſement, & ce ne fut qu'au bout de trois mois de l'état le plus cruel, que je rappellai à mon ſecours, avec quelque ſuccès, ma bienfaiſante imagination. Les criſes revinrent, & avec elles l'expectoration, qui me procura un ſoulagement ſubit. Le mieux a augmenté tous les jours de la manière la plus ſenſible ; & dans ce moment, ſans être abſolument guérie, je jouis d'un bien être que je n'avais pas éprouvé depuis huit ans ; mon ventre a perdu tout ſon volume, & je me félicite d'avoir eu une imagination aſſez heureuſe & aſſez vive pour fondre trois ſquirres : j'eſpere lui devoir bientôt ma guériſon parfaite.

Il eſt bon d'ajouter, que depuis que je ſuis ſoumiſe au traitement magnétique, je n'ai jamais pris de crême de tartre ni la plus légere drogue.

Signé, Paris, ce 15 Septembre 1784.

Je joins ici, pour plus grande preuve des effets du Magnétiſme ſur moi, la deſcription faite par M. de la Fiſſe, Docteur de la Faculté de Paris, de mon état en 1782. C'était à Mde. d'Avignon, ma tante, qu'il adreſſait cet état avec la lettre ſuivante.

» Madame, j'ai l'honneur de vous envoyer l'expoſé que vous m'avez

» demandé de l'état de Mde. de la Blache. Je fouhaite que les Mé-
» decins que vous voulez confulter nous donnent de nouvelles lumières,
» & puiffent fur-tout indiquer un moyen prompt de foulager Madame
» votre nièce ; car outre le chagrin que j'ai de voir l'état violent où
» elle fe trouve, je ne diffimule pas que je crains bien qu'elle ne
» puiffe pas y réfifter long-tems. Vous avez toujours exigé de moi la
» vérité. Je continue de vous la dire, quelqu'affligeante qu'elle foit.
» Je regrette fincérement de ne pouvoir vous donner d'autre témoignage
» de mon zele, qui fera toujours égal au refpect, &c.
   Signé, Paris, 12 Août 1781.

   Nota. L'expofé a fix grandes pages ; on fe bornera, pour abréger,
à tranfcrire ici les deux dernieres.

   *Sur la fin de l'hiver dernier Mad. la Comteffe de la Blache tomba dans
un état de ftupeur & d'engourdiffement, qui donna de nouvelles inquiétudes ;
elle entendait à peine ce qu'on lui difait, fon regard était fixe, fes idées
étaient obfcures ; elle parlait avec peine, foutenait difficilement fa tête ;
& felon fon expreffion, elle était dans une efpece d'apoplexie : le pouls
était plein & dur. Il parut néceffaire de recourir à la faignée : l'engourdiffement fe diffipa, mais la poitrine fe ferra, la refpiration devint plus
difficile, & la voix s'affaiblit par degrés. L'étouffement a toujours
augmenté depuis, & la voix eft abfolument éteinte, au point qu'à peine
entend-on quelques mots que Madame articule avec beaucoup d'efforts en
approchant l'oreille de fa bouche. Depuis plus de fix mois elle eft obligée
de refter dans fon lit, où elle ne peut ni fe coucher à plat, ni fe tenir
fur fon féant. Tandis qu'on fait fon lit à peine peut-elle refter un quart-
d'heure fur une chaife longue, fans être menacée de fuffocation. Dans
fon lit même elle étouffe au moindre mouvement, &, vingt fois dans la
journée, elle perd fa refpiration, qui ne fe rétablit un peu, que lorfqu'elle tombe dans un état de faibleffe, voifin de la fincope. La contrainte
qu'elle éprouve, la crainte d'expirer, & les efforts qu'elle fait lui arra-
chent un cri perçant, auquel fuccédent l'abattement & une fueur froide
univerfelle. Lorfque Madame eft le mieux, fa poitrine eft abfolument
immobile, elle ne fait pas le plus léger mouvement, dans les efforts
de la refpiration qui s'exécute uniquement par l'action peu fenfible des
mufcles du bas-ventre. Dans le commencement, cet état de la poitrine
parut être convulfif ; on fit ufage inutilement des potions antifpafmodiques,
& des calmans les plus efficaces, tels que l'Affa fœtida, le Camphre, le
Caftor, le Mufc, les Huiles de Succin & de Dipelle, les fleurs de Zinc
& les préparations d'Opium. On crut enfuite qu'il s'était fait un tranfport
d'humeur fur la poitrine. On appliqua des véficatoires, qui n'ont produit
aucun foulagement pendant fix femaines. Il y a trois mois que M. Bouvart
confeilla un opiat emmenagogue & antifpafmodique. Cet opiat a été pris
infrucatueufement pendant un mois, il a même fallu y renoncer, parce*

qu'il échauffait senfiblement; enfin, dans une dernière consultation, après avoir proposé différens moyens, qui tous avaient été mis en usage sans succès, M. Malouet a conseillé les fumigations humides, respirées immédiatement par le moyen d'une boîte de fer-blanc, faite exprès, & qu'il a indiquée. Depuis plus de quinze jours Madame respire constamment, plusieurs fois dans la journée, la fumée d'une décoction émolliente, & ne respire pas mieux. Toujours la même extinction de voix & les mêmes suffocations. Plus d'appétit, plus de sommeil, les forces sont détruites & la maigreur est extrême. Telle est la situation actuelle d'une malade bien intéressante, mais dont l'état est regardé au moins comme très-dangereux par tous les Médecins qui ont été dans le cas de la voir.

Madame la Préfidente DE BONNEUIL.

Le Rapport de MM. les Commissaires, à force de nous donner de l'imagination, paraît presque vouloir nous envoyer aux petites-maisons. D'après cela, les malades du traitement de M. Deslon ont cru devoir rétablir leur réputation en donnant un détail des effets qu'ils ont éprouvés, & que ces MM. ont trouvé commode de nier plutôt que de se donner le tems & la peine de les examiner, par discrétion, sans doute, pour les malades. Voici le mien que je ne croyois pas être dans le cas de donner au public. Une humeur laiteuse me fait éprouver, depuis près de huit ans des crispations de nerfs, & des douleurs affreuses dans toutes les parties du corps. Le tems des grandes chaleurs est le seul où j'aie obtenu quelque relâche. J'ai fait usage des remedes de Veysse, de la douce-amere, enfin de tous les remedes connus, sans en éprouver de soulagement. Un chagrin violent acheva, en 1779, de me déranger la santé, mon estomac ne pouvait rien digérer, ma poitrine s'affectait; on soupçonna des obstructions, & on m'envoya aux eaux de Bourbon, qui me fatiguerent les nerfs & la poitrine; on m'ordonna des vésicatoires, qui me firent beaucoup souffrir sans aucun succès; enfin, je me mis entre les mains d'un Médecin, connu par des cures miraculeuses. Ses remedes, quoique très-actifs, ne m'affecterent ni les nerfs, ni la poitrine, & me soulagerent pendant quelque tems. Une seconde révolution de chagrin me força de les discontinuer & me mit dans un état plus fâcheux que jamais. J'ai recommencé mes remedes vers le mois de Juin de l'année derniere, mais les crispations de nerfs devenues plus vives & plus fréquentes, les obstructions fort augmentées, en ont retardé les effets. L'hiver suivant il a fallu les suspendre. Obligée d'attendre la belle saison, & le mal empirant toujours, on m'a proposé le magnétisme. Les exemples qu'on m'a cités, la parfaite honnêteté de M. Deslon, ses connaissances en Médecine, que je savais qu'il avait exercée long-tems, & plusieurs années d'expériences du Magnétisme, ont commencé à vaincre mon incrédulité. J'ai voulu cependant confulter mon Médecin, qui a eu l'honnêteté de me dire qu'il ne croyait pas que cela pût me faire de mal, que je pouvais en effayer en attendant que la faifon me permît de prendre fes remedes. C'eft d'après cela que je me fuis déterminée, le 22 Mars, à aller chez M. Deflon. Dès les premiers traitemens, j'ai eu des crifes qui fe font terminées par des fueurs confidérables, effets que je n'éprouve prefque jamais, même dans les plus grandes chaleurs. Depuis ce tems, les effets ont varié, il eft arrivé rarement que j'aie été au traitement fans tomber en crife. Ces crifes n'ont pas toujours été avantageufes. Quelquefois elles fe font bornées à me donner des agitations d'autant plus pénibles, qu'elles n'étaient fuivies d'aucunes évacuations, mais fouvent elles m'ont procuré plufieurs jours de fuite des fueurs faciles & bienfaifantes & des expectorations, dont il m'eft réfulté un bien-être qui m'était inconnu depuis long-tems. C'eft particuliérement l'état où je me trouve depuis près d'un mois, & qui d'après les exemples que j'ai fous les yeux, me donne les plus grandes efpérances.

Je ne crois pas qu'on trouve dans ce récit beaucoup d'effets qu'on puiffe attribuer à l'imagination. Je dois obferver qu'ils me font arrivés fouvent fans attouchement. A l'égard de l'imitation, MM. les Commiffaires feraient les premiers qui nous euffent trouvé de la reffemblance avec l'animal qui poffede ce talent. Au moins ce n'eft pas le mien, car les crifes de mes voifins, quand elles font un peu vives, arrêtent fouvent la mienne; ainfi le réfultat, *imagination*, *attouchement*, *imitation*, fe trouve en défaut à mon égard, *figné*.

Madame la Comteffe DE LA SAUMÉS.

Il y a fix ans, qu'à l'époque de la mort de ma mere, une violente révolution me caufa les plus fortes convulfions. Il s'y joignit d'autres accidens, & entre autres une humeur de boutons répandue fur tout le corps, qu'un bain fit rentrer fur ma poitrine. Mon pere avoit déjà confulté MM. Tronchin & Lorry. Leurs remedes ne m'ayant pas foulagée, il s'adreffa fucceffivement à trois fameux Médecins de cette Ville. Mes maux, loin de diminuer, devenaient chaque jour plus inquiétans, j'étais depuis trois ans dans un état vraiment fâcheux; on commença à foupçonner que je pouvois avoir des obftructions, & on me traita en conféquence. Rien ne me foulagea, j'eus deux inflammations au foie, des coliques épatiques très-fréquentes & très-violentes: les eaux, les fondans, tout produifait un effet contraire à celui qu'on en attendait. Des douleurs de poitrine continuelles vinrent ajouter à mes maux. Au printems de l'année 1782, je tombai dans un état de dépériffement extrême; on crut que la campagne me ferait quelque bien, j'y paffai jufqu'au mois d'Août.

d'Août. Mon pere, inftruit de la pofition où j'étais, & juftement inquiet, me fit revenir à Paris. J'arrivai enflée jufqu'à l'eftomac, jaune & livide, ne pouvant faire vingt pas de fuite fans avoir une palpitation qui fouvent me faifait évanouir. Ce fut dans cet état que je vis pour la premiere fois M. Deflon ; je lui parlai de ma maladie. Je le voyais comme Médecin, & j'étais très-éloigné de croire qu'il me magnétisât. Il me demanda à toucher une obftruction très-fenfible que j'avais au foie ; au bout de quelques minutes qu'il eut la main fur mon côté, je fus prête à m'évanouir. Ne fachant à quoi attribuer cet accident, croyant que M. Deflon appuyait trop fortement fa main fur mon foie, je le priai de la retirer. Au bout d'un inftant il dirigea fes doigts vers moi, j'éprouvai le même effet & une chaleur très-forte. J'avais huit ou dix perfonnes chez moi ; deux d'entr'elles me firent connaître M. Deflon, & m'apprirent qu'il me magnétifait ; je fus fort étonnée, & je m'écriai auffi-tôt : on ne dira pas que mon imagination ait été pour quelque chofe dans les effets que je viens d'éprouver. Dégoûtée de tant de remedes qui m'avaient fi peu réuffi, je me décidai à fuivre le traitement de M. Deslon : j'eus de fortes crifes. Au bout de trois femaines, je vo̜mis deux jattes de pus. Les évacuations s'établirent, & deux mois après, forcée de partir pour la terre de M. de la Saumés, j'étais fi bien, que je fus en état de faire une route de deux cent lieues. L'enflure était diffipée, le jaune auffi, le fommeil, l'appétit, les forces, tout était revenu. Je confervai deux mois ce bien-être là. Mais la caufe de mes maux n'était pas détruite. Une partie de mes anciens accidens revint. N'ayant plus le fecours du magnétifme, on me donna différens remèdes ; rien ne réuffit. On effaya de délayer un quart-d'once de manne dans trois verres de limonade ; je n'en pris qu'un verre, & j'eus des convulfions pendant quatre heures. Deux Médecins qui fuivaient ma maladie, déciderent qu'ils ne voyaient dans la médecine aucun remede qui pût me guérir, & me confeillerent de recourir le plus promptement poffible au magnétifme, & au mois de Mars 1785, on me ramena ici. Depuis ce moment j'ai fuivi le magnétifme : j'ai eu des crifes de tout genre. Au lieu d'être affaiblie par leurs fecouffes, j'en ai toujours éprouvé du mieux être : j'ai eu des vomiffemens très-abondans. J'ai été purgée cinq femaines de fuite jufqu'à huit fois le jour, fans en être plus fatiguée, & fans le fecours du plus léger remede, pas même de la crême de tartre. Depuis huit mois j'ai tous les jours une expecto-ration affez forte, & je n'ai pas de crifes violentes, que je n'en obtienne le foulagement le plus marqué. Je n'ai plus de coliques épatiques. Le foie, l'eftomac & la rate font entièrement dégagés ; & le peu qui me refte de mes autres maux, me fait efpérer que je touche à ma guérifon prochaine. Mes crifes font encore fortes, mais confidé-rablement diminuées. Paris, ce 25 Août 1784. *Signé*.

K.

Mde. de ROSSI.

Je fuis accouchée au mois de Juillet 1779, j'ai nourri & m'en fuis bien trouvée jufqu'à fept mois : mais à cette époque, il m'a pris une perte ; je me fuis entêtée à ma nourriture : les pertes ont continué à chaque époque. J'ai ceffé de nourrir, lorfque ma fille a eu un an, depuis ce moment, mes pertes ont augmenté fucceffivement ; il m'eft venu une glande au fein, on me l'a fait diffoudre en partie avec un onguent en fix mois de tems ; à la fuite de cette diffolution, j'ai eu mal à la poitrine & au côté droit affez fortement pour ne pas pouvoir me coucher deffus ; j'ai dépéri infenfiblement, les pertes étaient augmentées au point de durer vingt-fept jours du mois ; le mal de poitrine était accompagné d'une toux féche & d'une difficulté dans la refpiration très-inquiétante : depuis à peu-près fept ou huit mois, il me prenait, vers les fix heures du foir, un accablement prodigieux, je devenais brûlante comme un charbon ardent, la fievre me prenait, j'étais dans cet état jufqu'à fix heures du matin, dans un fommeil forcé, & une difpofition prefque continuelle à dormir. Ce n'était pas fans maux de reins violens & douleurs dans tous les membres. M. de Roffi croyait que c'était le lait qui caufait ce dérangement dans ma fanté ; j'étais perfuadée que cela ne pouvait pas être, parce que, lorfque je fevrai, le lait prit le cours par le bas, & ne remonta point dans les feins. Je croyais cette raifon fuffifante, & en conféquence, je n'ai jamais rien voulu faire pour le chaffer, je n'avais point de confiance en la médecine, & je reftai avec mes maux : je croyais davantage au Magnétifme, parce que j'en favais beaucoup d'effets heureux, que j'en avais vû plufieurs, & entre autres fur M. de Roffi lui-même. Je réfolus donc, de concert avec M. de Roffi, d'effayer de ce moyen.

J'arrivai au Magnétifme au mois de Décembre 1783, j'entrai au traitement de M. Deslon, j'y arrivai avec une perte qui commençait ; au bout de trois jours, la perte ceffa ; dès le fixieme jour, j'avais plus de force ; au bout de quinze, la fievre me quitta. Je fus étonnée de fentir du lait qui remontait dans les feins. J'eus du lait comme on en a, lorfqu'on vient d'accoucher ; il prit fon cours par en bas, & j'en rendis beaucoup ; j'allai de mieux en mieux ; il y avait environ deux mois que je fuivais le Magnétifme, lorfque ma fille prit la rougeole & la fievre miliaire. Il eft bon de dire auparavant qu'elle avait eu la rougeole une année avant précifément à la même époque, qu'elle avait été traitée par les moyens de la médecine ordinaire, & qu'elle a été trois mois malade à être dans la plus grande inquiétude pour fa vie. A cette nouvelle époque, la fievre miliaire la prend avec la rougeole, accompagnée d'un grand mal de gorge qui l'empêchait d'avaler, même fa falive. M. Deslon, à ma priere, eut la bonté de venir la traiter ; elle a été guérie par le Magnétifme en dix jours de tems : elle n'a voulu recevoir de foins que de moi, & lorfqu'elle ouvrait les yeux, c'était toujours pour dire, *je voudrais bien qu'on me magnétisât, cela me fait du bien,* & elle montrait elle-même les endroits où elle fouffrait le plus pour qu'on la magnétifât. Elle était au huitiéme jour de fa fievre, lorfque je la gagnai; j'en fus guérie en trois jours par le Magnétifme : il eft à obferver que ma fille & moi, n'avions point pris de crême de tartre. La feule chofe que j'aie pris, lorfque j'avais ma fievre, a été de l'orangeade, & j'ai même mangé des oranges en nature; j'entrecoupais cette boiffon d'orangeade d'une autre, qui dans l'ordre ordinaire aurait dû avoir un effet contraire & devoir nuire, du Sirop de capilaire avec du lait, & je m'en trouvai très-bien. Quelques tems après, j'ai eu des irruptions laiteufes & en grande quantité; en preffant les boutons, il en fortait du lait.

J'ai continué d'aller au traitement & toujours avec fuccès, des fueurs prodigieufes, des évacuations de tems en tems en manifeftaient les bons effets.

J'ai pris chez M. Deslon de la crême de tartre, mais en très-petite quantité; j'ai eu des crifes affez vives, à la fin defquelles j'ai craché, mais fans efforts, fans touffer, & je ne me fuis trouvée véritablement foulagée après mes crifes, que lorfqu'elles fe font terminées par cracher du fang; je dois dire auffi que je n'ai rendu du lait qu'après la pre-miére crife. Lorfque mes crifes font arrivées, au moment où elles ont eu pour dernier réfultat de me faire cracher du fang, cet effet s'eft pro-duit, je le répéte; fans efforts & fans touffer; je me fuis au contraire trouvée parfaitement guérie du mal de poitrine & des pertes : j'ai plus de force, je fuis moins maigre, je n'ai plus de fievre, & je me fuis trouvée mieux en tout point.

J'ai été au Magnétifme à peu-près fept mois; mais dans cet efpace de tems, j'ai fait de fréquentes interruptions de huit jours, de quinze. J'en ai même fait de trois femaines, ainfi j'évalue ce tems à quatre mois pleins.

Je fouffignée, certifie les détails ci-deffus, écrits de ma main, & raf-femblés d'après ce que ma mémoire m'a pu fournir pour la précifion & exactitude des faits. Fait à Verfailles, ce 12 Septembre 1784. *Signé.*

Mlle. de LABESCAU.

Déclare avoir été attaquée d'un afthme, qu'elle portait le faint-bois depuis 13 ans, qu'elle avait une toux féche continuelle, des tiraillements de poitrine, des maux de tête & d'eftomac. Au bout de 5 ou 6 jours de traitement chez M. Deslon, elle a eu des évacuations très-confidé-rables. Pendant 18 ou vingt jours, a eu des crifes & convulfions plus ou moins fortes. Elle a quitté le faint-bois : la toux eft devenue graffe;

K ij

n'a presque plus ressenti les maux de tête & d'estomac; & la poitrine s'est dégagée, n'a plus ressenti les douleurs qu'elle avait; dort & mange bien, ce qu'elle ne pouvait faire auparavant; & elle se porte très-bien actuellement. *Signé le 2 Septembre 1784.*

La Dame GADDANT, Femme-de-Charge de Madame d'Alençon.

J'ai été traitée par la médecine pendant l'espace de sept ans, d'un squirre à peu-près gros comme la tête, mêlé d'hydropisie & d'engorgement. J'ai eu l'inflammation, & j'ai été à tous dangers. J'allais de plus mal en plus mal, quand j'ai été au traitement de M. Deslon, il y a environ 18 mois.

J'ai eu du mieux du commencement que j'ai été au traitement; & au bout de trois mois mon squirre a été diminué d'un quart, sans avoir eu de ce qu'on appelle crise; & au bout de ce tems, j'en ai eu une chez moi en sortant de dîner, & assez forte.

J'ai continué le traitement près d'une année; & dans cet intervalle j'ai eu des crises au traitement, mais fort rarement. J'ai remarqué que je n'en avais que lorsqu'il se faisait un grand travail, qui se terminait par des évacuations; & mon squirre diminuait de jour en jour, au point qu'il est fondu tout-à-fait, mon estomac est rétabli, mes forces revenues ainsi que le sommeil; & je jouis d'une parfaite santé depuis le commencement du printems. *Signé, à Paris, ce 6 Septembre 1784.*

La nommée BARNAUD, Ouvriere en linge, désignée au Rapport de MM. les Commissaires. Mlle. B.

Déclare avoir été attaquée de maladies de nerfs des plus violentes; être venue au traitement à la fin de 1782.

Elle a eu pendant six mois les crises les plus fortes, jusqu'à trois ou quatre par jour, tant au traitement que chez elle, dont plusieurs duraient cinq à six heures.

Depuis six à sept mois ses convulsions ne sont plus ni si longues, ni si fortes.

Elle espere être bientôt parfaitement guérie d'une maladie qui la mettait au désespoir, & qui, depuis sa plus tendre jeunesse, lui faisait éprouver les plus vives douleurs.

Nota. *Au certificat qu'on vient de voir, la demoiselle Barnaud à voulu ajouter le détail de ce qui lui est arrivé, lors de l'expérience faite sur elle par un de MM. les Commissaires, dont est parlé page 46. & suiv. de leur Rapport, sous le nom de la demoiselle B. Ce qu'elle raconte paraît fort différent de ce qu'on a lu au Rapport, mais ce n'est pas la premiere fois que des hommes sages & éclairés se laissent prévenir & sont entraînés par l'erreur.*

Voilà le détail certain de ce qui est arrivé chez M. de Villers. M.

de Villers m'écrit un petit billet d'aller chez lui, où il y avait une dame
de province qui avait de l'ouvrage à me faire faire : j'y ai été ; étant
arrivée, la dame me dit qu'elle avait de l'ouvrage à me donner : je
la priai de me donner son ouvrage à faire chez moi ; mais comme probablement il y avait un complot, la dame me fit des instances pour tailler
seulement son ouvrage chez elle. Je me mis à couper cet ouvrage ;
mais j'ai présumé depuis qu'il y avait quelqu'un dans l'autre chambre,
qui me magnétisait au travers de la porte ; car aussi-tôt que j'ai été
assise auprès de cette dame, il me prit une envie de rire qui dura
environ une demi-heure, & un tremblement des nerfs & une sueur,
de manière que je fus obligée de quitter l'ouvrage & de m'excuser auprès
de la dame. En même tems ce quelqu'un entra habillé en Médecin, qui
m'a dit qu'il me connaissait pour m'avoir vûe au magnétisme, &
me demanda si je m'en trouvais bien. Je lui répondis très-bien, & que
j'étais beaucoup mieux, mais que j'y allais toujours. Alors ce Monsieur
Médecin demanda à la dame si elle voulait voir l'effet du magnétisme :
je m'y opposai, en disant que je n'avais pas le tems ; mais je me suis
laissée aller aux instances de la dame, croyant que ce Monsieur était de
la connoissance de ces Messieurs. Il me prit alors un étouffement, un
claquement de dents, un serrement de collet, une douleur dans le
dos ; mais tout cela ne fut pas bien fort. C'est la vérité ; & en sortant
la dame me mit six francs dans la main. *Signé*.

MARIE-FRANÇ. POIRIER, *femme Pineau, Cordonnier.*

Déclare avoir été depuis cinq à six ans aveugle d'un lait répandu ;
avoir eu des douleurs dans tout le corps, & des enflures aux jambes.

Elle va depuis quatre mois au magnétisme. Au bout d'un mois elle
a eu beaucoup de crises. A présent est guérie de ses douleurs & de son
enflure, n'a plus de crises, & commence à un peu distinguer les couleurs.
Signé, sans date.

MARIE DUHANT, *Ouvriere.*

Déclare être hydropique depuis trois ans, & avoir eu deux fois la
ponction.

Est arrivée chez M. Deslon le 15 Juillet dernier. Dès le second
jour, elle a eu pendant huit jours des évacuations, comme si elle eût
été purgée. Ces évacuations ont été précédées de fortes crises & convulsions ; son ventre avait considérablement diminué. Ayant interrompu le
traitement au bout de trois semaines, l'enflure a repris son premier
volume & les crises ont cessé. Elle est revenue au traitement depuis
deux jours ; les évacuations sont rétablies, l'estomac va mieux, & elle
jouit d'un peu plus de sommeil. *Signé*, le 9 Septembre 1784.

Les adresses des malades sont sur les certificats originaux.

FAUTES ESSENTIELLES A CORRIGER.

A la Table.

M. Bove, *lisez* Mad. Bove.

Effacez M. Thomas Magraines, *lisez* plus bas M. Thomas Magnines.

Effacez M. Pinon, *lisez* plus bas M. Pinorel.

Mad. Duha, *lisez* Duhant.

M. Quinquet, oublié dans la Table. *Voyez* son certificat, *page 66.*

Dans les Certificats.

Page 37, au Certificat de Mad. Bove, au lieu de M. Vallin, *lisez* M. Raullin.

Page 52, M. Beaujeard, Fermier-Général, *lisez* Trésorier-Général.

Page 65, effacez le Certificat de Mlle le Prince, qui se trouve à la *page* 38.

Page 76, Mad. Gaddant femme de Chambre de Mad. d'Alençon, *lisez* de Mad. d'Avignon.

OBSERVATION.

DANS le nombre de cent onze malades, dont les Certificats font rapportés, on trouve :

53 radicalement guéris.

52 qui atteſtent avoir été infiniment ſoulagés.

Et 6 autres ſeulement qui déclarent n'avoir *rien ſenti.*

Quel eſt le Médecin, le plus célèbre par ſes ſuccès, qui pût préſenter un tableau auſſi ſatisfaiſant de ſes travaux ? Si la Médecine qui guérit le plus eſt la meilleure, certes la cauſe du Magnétiſme eſt décidée.

Et avec quel avantage ne doit-elle pas l'être, ſi l'on fait attention qu'il n'y a pas un de ces cent onze malades, qui n'eût fait, avant que de venir au traitement, la plus longue & la plus inutile épreuve des remedes ordinaires ?

Cependant, lorſque les effets de ce nouvel agent ſe manifeſtent & ſe répètent de toutes parts, & ſur tant de malades, conçoit-on que la crainte de paſſer pour *crédules* entraîne encore une foule d'hommes raiſonnables à les nier ? Croyez-en du moins, pouvons-nous leur dire, les Commiſſaires nommés par Sa Majeſté. S'ils ont refuſé de reconnaître l'exiſtence du *Magnétiſme*, du moins ils ont eu la bonne foi d'avouer *les effets* dont ils ont été témoins, & que trois d'entr'eux ont éprouvés (*). Ils n'ont laiſſé ſubſiſter des doutes que ſur la cauſe de ces effets.

C'eſt ainſi que les extrêmes ſe touchent, & que l'incrédulité mène au délire, ainſi que la crédulité.

Un Médecin de Province écrivait dernièrement au Médecin chargé du Journal de Médecine : « Que dois-je croire ſur le Magnétiſme ? » Eſt-ce un nouvel Art de guérir ? N'eſt-ce qu'un Charlataniſme ? Que » dois-je répondre à une *MULTITUDE* qui me dit : *J'AI VU.* »

Le Journaliſte répond : « A Paris comme à Bordeaux, on dit » J'AI VU. Que ne voit-on pas ! Que n'a-t-on pas vu ! Des Revenans, » des Sorciers, des Loups-Garoux, le Diable, ſes cornes, ſa queue, » le Sabat en gros & en détail. »

Ainſi, après avoir méconnu la cauſe, on finit par nier les effets qu'on avait été forcé d'abord de reconnaître.

Mais heureuſement pour le Magnétiſme, on ne peut plus effacer les preuves multipliées de ces effets. Douze Commiſſaires nommés par Sa Majeſté les ont *VUS.* Trois d'entr'eux les ont éprouvés. Cent

(*) Page 18, du Rapport de M. Bailly.

soixante Médecins, Élèves de M. Deflon, ont déposé dans fes mains le témoignage authentique de ce qu'ils ont *VU*. Trois cents Élèves de M. Mefmer, la plupart Médecins ou Phyficiens, ont *VU* les mêmes effets. Des milliers de malades les ont *VUS* auffi, & les ont éprouvés. Ces Commiffaires du Roi, ces Médecins, ces Phyficiens, tous ces malades, ne pafferont pas, fans doute, pour des *Vifionnaires*, parce qu'il plaît à un Journalifte d'appeller de ce nom tous ceux qui difent avoir vu des *effets* produits dans les *traitemens magnétiques*.

Aux yeux de tout homme qui n'eft ni *crédule*, ni *incrédule*, il ne reftera déformais qu'un problême à réfoudre. *QUELLE EST LA CAUSE DE CES EFFETS?* Eft-ce le Magnétifme? Ou bien faut-il ajouter au *CODEX* de la Médecine les trois nouveaux moyens qu'ont imaginé MM. les Commiffaires pour expliquer ces effets, l'*imagination*, l'*imitation*, ou l'*attouchement* ?

En attendant que les Savans s'accordent entr'eux fur cette grande queftion, cent onze malades qui ne craignent pas de fe citer, avertiffent tous ceux qui voudront les entendre, qu'un nouveau bienfait eft apporté aux hommes, & qu'on obtient, dans les Salles du Magnétifme, la guérifon des maladies qui ont réfifté jufqu'à préfent à l'Art de la Médecine. La caufe leur eft indifférente. On peut lui donner le nom que l'on voudra; mais on ne perfuadera jamais à aucun de ces malades qu'ils fe trompent, lorfqu'ils fe croyent ou *guéris*, ou *foulagés*. Qui mieux qu'eux peut en juger !

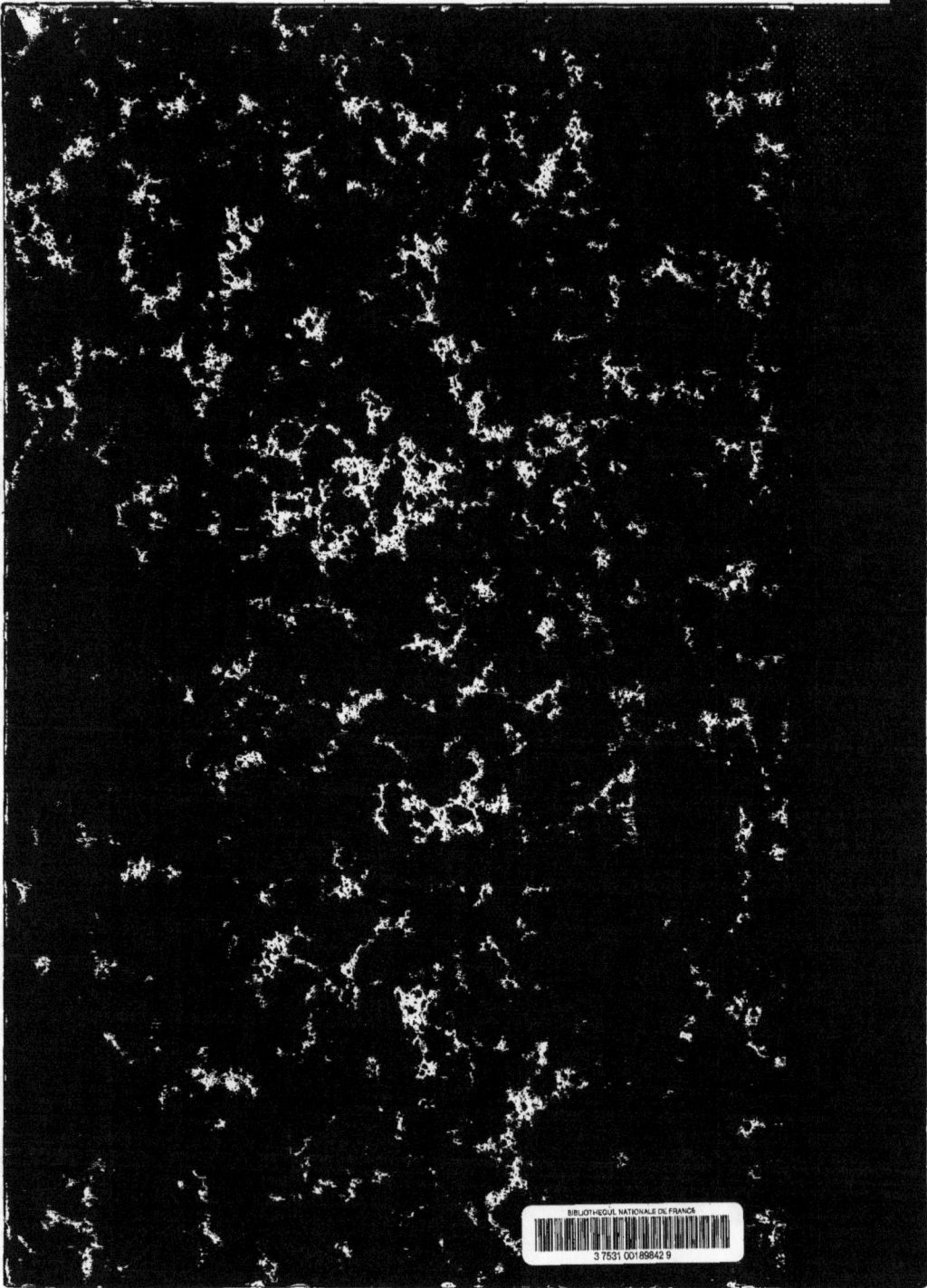